高级创意立体裁剪

原文书名：Advanced Creative Draping

原作者名：Karolyn Kiisel

Copyright © 2022 Karolyn Kiisel

本书中文简体版经Laurence King Publishing授权，由中国纺织出版社有限公司独家出版发行。

本书内容未经出版者书面许可，不得以任何方式或任何手段复制、转载或刊登。

著作权合同登记号：图字：01-2024-5709

图书在版编目（CIP）数据

高级创意立体裁剪 /（美）凯洛琳·齐埃索著；罗瑶译 . -- 北京：中国纺织出版社有限公司，2025.1.（"设计学"译丛 / 乔洪主编）. -- ISBN 978-7-5229-2209-6

Ⅰ. TS941.631

中国国家版本馆 CIP 数据核字第 2024979ZM5 号

责任编辑：华长印　许润田　　责任校对：寇晨晨
责任印制：王艳丽

中国纺织出版社有限公司出版发行
地址：北京市朝阳区百子湾东里 A407 号楼　邮政编码：100124
销售电话：010—67004422　传真：010—87155801
http://www.c-textilep.com
中国纺织出版社天猫旗舰店
官方微博 http://weibo.com/2119887771
北京华联印刷有限公司印刷　各地新华书店经销
2025 年 1 月第 1 版第 1 次印刷
开本：787×1092　1/16　印张：16
字数：336 千字　定价：168.00 元

凡购本书，如有缺页、倒页、脱页，由本社图书营销中心调换

"设计学"译丛 ｜ 乔洪 / 主编

高级创意
立体裁剪

ADVANCED
CREATIVE DRAPING

[美] 凯洛琳·齐埃索 / 著

罗　瑶 / 译

中国纺织出版社有限公司

目录

引言:
立体裁剪的创意灵感

创意灵感从何而来? 设计师是如何获取灵感、又是如何在作品中表达灵感的?《高级创意立体裁剪》探索了时装设计师和戏剧服装设计师在工作中激发想象力的方法是通过立体裁剪的动手实践。

本书的目标是从个人的审美体验中汲取灵感,以此为基础,设计出华丽、有意义、有艺术感的服装。创意立体裁剪能培养服装设计师的原创性,并发展个人的标志性风格。

书中所提及的立体裁剪方法旨在激发创意灵感并生成设计想法,同时也通过多种具体的技术和技能提供指导,来实现这些想法。本书的前七章,通过各种示例、研究、练习和案例,系统地介绍了不同的立体裁剪技巧。在第八章"戏剧服装设计的立体裁剪"和第九章"传世服装的立体裁剪"中,综合运用了前七章介绍的方法。

著名时装设计师的智慧巧思包含在故事和引言当中。我们将站在他们的肩膀之上,借鉴他们丰富的经验。服装设计与制作历经几个世纪的发展所产生的许多古老的设计方法与技巧如今仍然可供借鉴。

研究会对创造力产生影响。凭借文化与历史上的参考物,我们能感受到新旧事物之间的互动,由此打造出新的事物。加深对个人背景的认识也是一种研究,能够照亮个人设计生涯的创意发展之路。

人体工学是研究合身性与活动性的一门学科。了解人体工学是实现高品质设计的必要元素。本书相关章节讨论了合身与自我评估。尽管掌握高定质感的工艺需要丰富的实践经验,但理解并欣赏一流工艺的精湛技巧是一个良好的开端。

服装会自然呈现设计师的个人审美观。

本书列举的案例将介绍高级制作的理论与原则,例如高级裁剪技巧、运用纹理装饰进行立体裁剪、里层支撑结构的利用等。理解这些内容有助于将立体裁剪作品转换为有效的样板,制成高品质服饰。书中有些练习需要认真对待,有些练习则仅作为参考,为读者进行原创设计项目提供帮助。

眼睛、双手与心灵

设计师进行立体裁剪所必需掌握的技能需要训练眼睛，来识别平衡与优秀构图；训练双手，来熟练地进行裁剪、固定和运用复杂曲线；运用内心情感，来加强个人的表达。

锻炼出我们常说的"好眼力"，需要掌握实践、研究和分析技巧。进行深思熟虑和批判性的观察，能够提高洞察力，提升品位。立体裁剪的一大优势是能在视觉上得到及时反馈，是因为在立体裁剪过程中，我们能看到服装轮廓逐渐成型。

训练"双手"就像是练习一件乐器，其目的是让技术足够娴熟精湛，以至于使技术变得不那么重要，更重要的是创造性的、潜意识的决策。

对于一个当代的设计师而言，找到自己创意的"内核"最为重要。一位服装设计师若要在这个竞争非常激烈的领域取得成功，则必须要有独特的个人风格。时装设计初学者可能觉得自己必须立马找到个人风格，但其实这一过程需要时间和耐心去培养。立体裁剪所具有的创作自由以一种自然的方式孕育着这一过程。

立体裁剪的技巧对于发掘个人审美观来说至关重要，因为使一件立体裁剪作品达到审美平衡的这一过程是非常个性化的。使用面料来传达情感、情绪或者想法能够展现个人风格，通过对比例、尺寸、体量的调整进行一系列的决策来表达自我。观察线条、造型和廓型的细节能够强化对服装最终效果的预测。

依靠直觉进行立体裁剪，并培养将自我沉浸于创意过程中的能力，对获取最深层的灵感来源而言是必不可少的，有助于设计师发掘个人的特色。

格蕾夫人（Madame Alix Grès）是一位受过正规雕塑训练的服装设计师。1932年，她于巴黎成立了其第一家高级定制工作室，她将雕塑技巧应用于面料造型之中。她标志性的女神褶皱礼服是在真人模特身上进行手工立体裁剪制作而成的，由人体塑造了服装的造型。这张图呈现的是一件为1942年"法国印象"（Images de France）系列打造的连衣裙，使用真丝针织面料立裁而成。这款立体裁剪作品仅用了几根珠针轻轻固定，然后就像梦一样，在这张照片拍摄下来后就消失了。

使用坯布进行立体裁剪

一段简单天然的坯布，是最朴素、最基础的工具，它是一张空白画布，也是我们立体裁剪的起点。它使杂乱的灵感拼贴画汇集，使设计想法开始变得明确。随着立体裁剪开始，想法慢慢成形。

服装设计师的媒介是各类纺织品，而在立体裁剪时，我们的媒介则是坯布。纯粹的坯布使我们集中于创造样式、造型和廓型，确定设计线条和曲线。

这种简单的空白画布，是坯布立体裁剪的开始，也是创意起步的时刻。

当开始创造一个造型，设计便开始了，此时所有的一切都很重要，我们需要找到平衡。这不仅涉及技巧问题，每一道接缝的设计都必须有充分的理由。如肩部的接缝线，若偏高或偏低，亦或稍微往外，都会使女性显得更硬朗，或更温柔；服装样式随即就发生了变化。这还涉及想象、感觉、欲望，涉及女性身着一条裙子的感受。想象一切，而只表现一部分。

这是2017年作者采访巴斯蒂德·蕾伊（Bastide Rey）的内容。蕾伊是立裁师，曾任亚历山大·麦昆（Alexander McQueen）、迪奥（Dior）和浪凡（Lanvin）的工作室主管，目前为阿尔伯·艾尔巴茨（Alber Elbaz）工作。

创意立体裁剪的阶段

　　创意立体裁剪和设计能力能够经培养而提升。坯布是那空白画布，立体裁剪则完善造型和轮廓。色彩营造出情感基调，而质地、处理方法及装饰则增强情感效果并提升设计魅力。

找到焦点　发现灵感

　　灵感是设计的第一步。设计师必须找到自己迫切想要表达的内容，然后通过设计作品清晰地传达出来。

　　灵感，可以来自美丽的晚霞这样简单又常见的事物。但请不要拘泥于熟悉的事物，可以考虑建筑、旅行、个人兴趣、精神信仰、摄影、包装设计、文化影响力，甚至现成物（Found Objects）中那些自然或不自然的造型。

　　许多设计师在开始设计时，会创建一本灵感日记或一个情绪板，记录探索时产生的想法。灵感可以是视觉图像或文字。由于寻求灵感的目的是唤起一种情绪或基调，因此可以找一些传达这种情感的图片作为参考。

　　就我个人而言，获取灵感最简单的方式，就是注意那些吸引我的事物。使用布料、一小片复古服饰或饰边、照片，以及首饰之类的手工艺品，形成集合，物化这种抽象的吸引。

　　在灵感板上写一些文字或描述性短语会很有帮助。文字具有强大的力量，可以激发创造力，同时有助于定义作品的情绪、色调和视觉风格。创意过程中，灵感板就像道路界限标志一样，使你始终在正确的轨道上前进。有时，当你深入设计或制作一个系列作品时，想法如泉涌，此时，有个提示你设计初衷的东西是大有裨益的。回顾灵感板能让你始终保持专注。

亚历山大·麦昆（Alexander McQueen），2011年的"野性之美"系列。

麦昆从广泛的领域中汲取丰富的灵感，他深邃的象征主义描绘了充满情感的画卷，具有强烈的张力和深度，将色彩和质地并置，为他的设计增添了点睛之笔。

- "黑暗光芒"灵感板是对宇宙中各个星系进行空间探索的灵感收集。
- 黑暗意味着空间广袤无垠。
- "夜晚的狂野与心灵的甜蜜"出自《易经》。
- 充满激情和浪漫的爱情，迷人的夜晚，镜子和霓虹灯，丰富的巴洛克式装饰。
- 洛杉矶和拉斯维加斯。

"黑暗光芒"灵感板是适合秋冬的调色盘，有着珠宝色调，金属和古铜的色泽。

确定个人的视觉风格

现在已经有了灵感，你要如何去表达呢？思考你想要的视觉风格是什么样的：是正式而有序的？还是狂野而无序的？

如果将时装界比作一场对话，那么为了融入这场对话，每位设计师都必须有自己独特的观点。该你发言时，你必须清晰表达，在内容中融入感情色彩，突出重点，并体现深度。

许多备受赞誉的设计师在其系列作品中都会讲故事。注意，右侧引用了两位设计师的口头描述，非常具体而生动地展示了他们是如何讲述这些故事的。

我擅长的，就是制作像茧一样的服装，那种既单调又灰暗，仿佛隔绝了所有声音的茧。
——瑞克·欧文斯（Rick Owens），为南加州的公路旅行准备一辆哑光黑色的清风房车时所说，转自《洛杉矶时报》，2015年7月20日。

他们曾迷失，如今又继续前行。仿佛他们永无止境地行走在那些公路上。这些服装起伏、跌宕、令人目眩，我觉得这是一种美丽的情绪。
海德·艾克曼（Haider Ackermann）在时尚网站上谈及"帅气的女性"，以及其2014年春夏系列服装的情绪与色调时所说。

- 插花灵感板：一个既有花朵盛开又有花朵凋零的花园。
- 汇集蝴蝶、花朵、自然的图案，细腻而轻盈。
- 体现了花朵的生命力，牡丹的繁盛，莺尾花的精美花边。
- 生命的脆弱、无常。
- 呈现花瓣由饱满变纤薄，而后归为尘土的那种凄美。

插花艺术：日本的花道，按照天、地、人的原则排列花朵。插花灵感板则是一种适合春夏的调色盘。

进行研究

在设计工作中进行研究意味着要找寻与过去的联系，然后运用个人经验来丰富这种联系，由此创造出现今世界真正意义上的新颖之物。设计师必须紧跟潮流。观赏各种服装系列，观察街头潮流，研究其他设计师如何表达相似的想法，持续了解新的

技术：技术对时装的影响已经涉及设计师界的方方面面。前沿技术可能作为一种工具纳入设计师的技能中。社交媒体力量强大，让我们轻松地在全球的新市场中进行联络、推广、宣传并销售。

设计师的目标和愿景

- 找到焦点：发现灵感，确定个人的视觉风格。
- 进行研究：找到过去与现在、文化与历史之间联系的纽带，认识自己的个人背景。
- 认识优秀设计的原则：要记住，设计原则不局限于时装设计，而适用于所有的学科。
- 建立人体工学：问问自己，所设计服装的合身度、活动性及款式的风格是经典的、浪漫的还是非传统的。
- 认可慢时尚的道德观念：在碳足迹方面，做到不违背良知；追求诚信。
- 应用高品质工艺：了解自己的工艺；熟知高级定制服装制作的基本技能。

- 地球遗产是一个神秘的绿洲，以古老的自然韵律示意图为中心。
- 突出自然之美、原始之美。
- 我的设计灵感来自永不过时的廓型、古老的游牧民族和圣经时代。
- 传世之品质，手工工艺，手工打造的细节。
- 地球的各个元素，冰川，宝石，贝壳。

"地球遗产"拼贴画调色盘四季都适用，
灵感板上的布料样品都是天然纤维制成。

寻找过去与现在之间的联系

　　对过去的事物越了解，就越容易在其基础上创新，因而了解时装的历史是很必要的。

　　正如在其他创意领域一样，时装行业的智慧得到传播并深受珍视。无论是工匠传授工艺的秘诀，厨师传授在厨房工作的技巧，还是教师教授特定学科的原理和应用，所有这些都包含并滋养着灵感。智慧是种真相，告诉我们某种事物是行之有效的。

　　不过，智慧并非一成不变，我们可以吸收经验的精华，接纳其本身的生命力，决定在何处、以何种方式再次应用这些原则，并用如今的新事物来丰富它们。我们的目标是将研究向内延伸，然后创造新事物。拥有适应和创新的能力是卓越创造力的本质。

经典研究方法的关键

- 按来源搜索：使用互联网、图书馆书籍与期刊，进行文化观察。
- 制作历史时间线。
- 下定义。
- 做分类：某一事物或概念的主要用途是什么？
- 认识部件并做标记。
- 去体验：对某个事物的体验是怎样的？
- 做对比：事物有何相同之处？有何不同？
- 做总结：可以使用文氏图。
- 做教学：在教中学习，教得越多，学得就越多。

对于设计师而言，研究不仅仅只是通过阅读了解过去，各种图像还是构建新意义时接收、吸收和表达想法的核心。这种方式存在了数千年，以艺术"流派"的形式依然在如今兴盛。注意与你同时代的人，有没有人正在表达与你相同的内容？他们是如何表达的？情感和记忆也是研究的一部分——比如，你从维多利亚时代蓬松的袖子中获得甜美的感受，或者从厚重机车皮夹克中获得坚韧安全的感受。

我们做研究是为了学习过去，但也可直接从中借鉴。风衣是很多年前发明的，但却永不过时。这个熟悉的历史参考物会造成一些偏见。我喜欢一件风衣，它让我觉得自己像福尔摩斯或者哥伦布。所以，我若要设计一件新的风衣，就会研究它的历史，列出风衣的设计元素，以及传统的制作面料。我会加入一些体现过去风衣的元素，但又不失现代感。

再举一个有关偏见的例子，想象一个系列作品参考了电影中的情绪，那种老式好莱坞浪漫魅力，重塑20世纪40年代的氛围，带给女性神秘感，使她们感到自己魅力十足，略带危险或大胆。这种用电影作参考的熟悉感增添了一种舒适感，使人更容易幻想体验到那个美好的时代，从而买入这一系列产品。

文化挪用还是文化欣赏？

在时装设计中，我们都会受过去的影响，历史或文化的相互交融丰富了服装款式，使设计师能够超越单一传统的束缚。不过，必须注意的是，要明确认可参考来源，充满敬意地进行重新解读，然后设计出自己的当代版本。由于文化挪用和文化欣赏容易混淆，因此做研究是确定二者之间差异的关键。

中国的旗袍就是一个例子。这是一种贴身、高领的连衣裙，流行于20世纪20年代的上海。旗袍源于1644年清代男性穿的贴身长袍。1912年民国初期，这种满族款式从传统中解放出来，被女性所采用。后来，20世纪30年代的中国女性开始向西方时装看齐，她们将旗袍从与裤子搭配的长上衣改造成了贴身高领的连衣裙，并配以丝袜和高跟鞋，结合了两种文化的审美。所以，一位中国或西方的女性，穿一件现代的旗袍，是文化挪用还是文化欣赏呢？

部落主义能在全球文化中造成分歧。然而，我们要做的是充满敬意地并真实地进行解读，创造出一些新事物，启发了这些新事物的文化则得以丰富。

上图：当代萨米人的服装。萨米人所面临的文化危机在于缺乏维护其身份的支持体系。他们面临的挑战：适应城市生活的同时坚守自己的价值观。

左图：图奥马斯·梅里科斯基的AALTO 2016年秋冬系列。注意左图中服装的图案色块与萨米人服装色块的对应关系。

左下图：图奥马斯·梅里科斯基的AALTO2016年秋冬"Hellsinki"系列作品低腰带的设计呼应了萨米人外衣的低腰束带结构。

右下图：图奥马斯·梅里科斯基的AALTO 2015年秋冬系列的森林绿大衣和帽子。帽子的高度和比例呼应了传统萨米人帽子的外观。

> 我的系列作品是连接两个世界的桥梁。既体现萨米人原本的身份，也反映着他们不断发展文化和风格的新身份，因为这种身份与现代世界紧密相连。
>
> 图奥马斯·梅里科斯基

图奥马斯·梅里科斯基

了解自我

研究包括培养对自身背景的认识。像芬兰设计师图奥马斯·梅里科斯基（Tuomas Merikoski）那样，从自己民族的文化遗产中汲取创作灵感的设计师，能够使作品表达的内容具有深度和真实性。

图奥马斯·梅里科斯基曾为纪梵希（Givenchy）和路易威登（Louis Vuitton）工作，但为自己的品牌AALTO进行设计时，他从自己作为萨米人（生活在北斯堪的纳维亚拉普兰地区的原住民）这一背景中汲取灵感，再从其服装的色彩平衡、线条、廓型和态度方面加以清晰的体现。

深入了解自我，思考自己想要成为原创设计师还是先锋设计师，是想借时装设计向社会或现实表达社会政治观点，还是想将时装作为你的艺术表达方式。

什么是原创？

"原创"时装设计是指与以往见到的所有作品都截然不同的设计。要打造原创作品，设计师必须以一种好奇和探索的心态去研究过去的设计，深入了解材料，并批判地对所见所闻进行评价。然后，根据自己的亲身经历创作出新作品。将原创概念融入熟知的结构中，这种设计自然可以称得上是原创的。

大卫·鲍伊（David Bowie）所穿的连体衣显然是一件高度原创的设计作品，突破了当时的时尚界限。这款连体衣廓型独特，面料新颖，使其在视觉上富有原创艺术必须具备的那种吸引力。

1973年，大卫·鲍伊身着山本宽斋（Kansai Yamamoto）设计的连体衣。

什么是先锋派？

先锋派是原创从个人到群体的延伸，诞生于任一领域最前卫的群体当中，他们的作品十分大胆，突出特点是突破传统、采用实验性的方法、进行审美创新，或是与技术、哲学、心理学等领域里的前卫思想相关联。因往往质疑社会和文化，先锋派的作品新颖而激进。

先锋派运动中的各个群体基于彼此的思想和创造力而进行创作。艾里斯·范·荷本（Iris van Herpen）是一名先锋派设计师，她的设计作品不仅极富前瞻性和突破性，而且她的作品还与各种技术前沿和科学领域的人士展开合作。

当今时代，在全球大多数文化圈中，服装本身就带有时尚属性，而在现代人们的意识中，时尚意味着穿着的服装符合特定时间和特定场合，并与时代精神相符。由于时装业专注于融入时代思潮，因此设计师常常通过最具创新性、实验性和先锋派的设计来彰显自己独特的风格，由此突出自我并获得认可。

艾里斯·范·荷本 2013年 "狂野之心"（Wilderness Embodied）系列，她与几位建筑师和艺术家合作，使用了三维打印技术和激光切割技术。

1912年保罗·波烈的作品《风尚》(*Les Modes*)。

保罗·波烈(Paul Poiret)是公认的先锋派成员,参与了20世纪初期掀起的艺术文化运动,这场运动涉及插画、建筑、室内设计和家具设计,其中的各个成员[传奇人物Erté,即罗曼·德·蒂尔托夫(Romain de Tirtoff)是其中之一]相互启发,促进彼此开拓新领域。

究竟是波烈还是和他同时代的玛德琳·维奥内特(Madeleine Vionnet)首先为女性设计了不穿紧身胸衣的服装,这个问题一直在争议,但二者

都属于先锋派。波烈的设计作品十分令人震撼,甚至街上的女性看到身穿他最新设计作品的模特出现时,真的会晕倒。

1912年,波烈所属的先锋派社群创立了《品味杂志》(*Gazette du Bon Ton*),这本杂志以新艺术概念和东方主义风格为特色,聘请了众多当时著名的装饰艺术家和插画家。除了画身穿服装的模特,这些艺术家还朝一个新的方向发展,使模特处于各种戏剧化和故事性的情境中。

作为社会政治宣言的时装

长久以来，时装一直是推动变革的工具，因为它能创造形象、表达态度，改变人们的意识观念。时装已经促使众多社会或政治运动的发生。

1968~1969年，披头士乐队从穿着黑色西装的年轻人变成了身穿粉色和橙色仿军装式夹克的超级巨星。在20世纪70年代，朋克文化兴起。时装和音乐为这一社会政治运动注入动力。

图像具有改变人们认知现实、使人振奋或激励人们采取行动的力量。时装是一种强大的媒介，能够传达信息。

披头士乐队的《佩珀军士的孤独之心俱乐部乐队》专辑封面。图像能够改变意识观念。

时装是艺术吗？

如果时装和艺术同样在先锋派运动中占据一席之地，那么时尚本身是否是艺术呢？将艺术融入服装中——如在皮革上绘图或采用珠饰精美地装饰布料——在人类历史上的各种文化中普遍存在。为了在服装上展现美、内涵和原创性，高水平工艺在全世界博物馆的古代服装中都有展现。

讨论究竟是什么让服装进入艺术领域这一问题是有趣的，也值得深思。像20世纪60年代的帕科·拉巴纳（Paco Rabanne）和库雷热（Courreges），以及随后几十年中的让·保罗·高缇耶（Jean-Paul Gaultier）、维果罗夫（Viktor & Rolf）、侯赛因·卡拉扬（Hussein Chalayan）、亚历山大·麦昆（Alexander McQueen），以及当代的利伯廷（Libertine）和克里丝特尔·克歇尔（Christelle Kocher）等设计师，显然都在探索超越装饰性或实用性服装的艺术和概念主题。

我们这个时代最成功的两位设计师，川久保玲（Rei Kawakubo）和卡尔·拉格斐（Karl Lagerfeld），都声称自己的作品不是"艺术"。川久保玲设计作品中的造型极具吸引力，服装形象震撼人心。拉格斐在装饰上巧妙运用色彩和创新的材料，再加上高水平的手工技艺，无疑超越了工艺的范畴，使他的某些设计作品升华为艺术。

2019年的纽约大都会艺术博物馆慈善舞会（Met Gala）上，加奈儿·梦奈（Janelle Monae）穿着克里斯蒂安·西里亚诺（Christian Siriano）设计的"闪烁之眼"礼服 如果你的设计让穿着者成为艺术品，或许这也能让你成为艺术家。

欣赏画作固然美妙，但为何不创造一个完整的艺术环境？何不使生活也成为艺术品？

1967年，杜鲁门·卡波特（Truman Capote）接受洛丽亚·斯泰纳姆（Gloria Steinem）采访时如是说。

或许，身着时装的女性本身就是艺术品，比如，美好年代时期（1871~1914年），在巴黎最时尚的沙龙中主持的格雷菲勒伯爵夫人（Countess Greffulhe）；画家弗里达·卡罗（Frieda Kahlo）；数十年来活跃在时尚界中特立独行、引人注目的时尚编辑安娜·皮亚吉（Anna Piaggi）；不断突破界限，将音乐与艺术及时尚相结合的歌手比约克（Bjork）和Lady Gaga。

优秀设计的十大原则

1.形式追随功能

明确设计的穿戴位置和原因。

2.具有历史或文化背景

设计参考是否为设计带来了创新？

3.符合人体工学

为最佳的合身度和活动性而设计。

4.视觉吸引力

作品的造型、比例和平衡是否新颖、现代？

5.视觉协调性

重复的造型，如塔克褶、省道、碎褶和细节设计等设计形式，需要和款式、比例、氛围与色调保持一致。

6.视觉重点

明确焦点。在图案、质地和细节设计中，有意识地使用重复和对比的方法。果断选定基调，可以是富有魅力的，也可以是个性鲜明的。

7.质地特点

在装饰物的设计排布中牢记"形式追随功能"的原则。应用任一装饰物都要有理由。

8.重点

明确设计的重点。

9.色彩

熟悉基本的色彩理论，熟知选择的色彩所表达的内容。

10.内涵深度

优秀设计的各个元素应该传达一种情感效果或一种哲学立场。

理解优秀设计的原则

有些设计原则经过时间的提炼，能够适用于所有学科。分析诸如烹饪、建筑或平面设计等领域的构图、色彩平衡或质地特点，有助于认识真正优秀的设计，并学会如何从自己和他人的作品中辨别出优秀的设计。

服装制作中的裁剪就像语言的语法。一个优秀的设计作品应该像一句语法正确的句子，并且一个作品只表达一种想法。

查尔斯·詹姆斯（Charles James）

这个图标是平面设计中的优秀案例，20世纪80年代由Carm Goode设计，现今仍在使用。它既是一个独立的图标，也是对叠印法的一次探索。

建立你的人体工学

> 人体工学：提高人体舒适度，优化整个系统性能的设计方法。
>
> 2000年8月国际人体工学协会执行委员会

时装设计中，人体工学涉及服装的合身度和活动性，也与服装如何影响穿着者的态度、心理和情感基调有关。服装的人体工学，或者说"系统性能"，是指服装裁剪符合人体形态和肌肉结构的敏感程度，以及服装所体现的对身体及其生理需求的理解。

研究历史上的服饰，你会发现服装的人体工学是不断变化的——例如，罗马的宽松托加长袍和丘尼克上衣，演变为流行了几个世纪的紧身上衣。20世纪初，不穿紧身胸衣的运动兴起，人体工学开始转变。1947年克里斯蒂安·迪奥（Christian Dior）的新设计系列亮相，展现了一种截然不同的服装廓型和版型。20世纪80年代，日本设计师三宅一生（Issey Miyake）、川久保玲（Rei Kawakubo）和山本宽斋（Kansai Yamamoto）跻身巴黎，预示着一个人体工学先锋时代的到来。他们的服装设计廓型新颖，造型独特，版型宽松，带有大垫肩。

完美的合身度对于高品质时装至关重要。然而，设计师首先必须明确想要创造哪种人体工学，然后在服装设计中理解合身款式与人体的关联——包括经典的、浪漫的、先锋派的、非传统的款式。

上图：经典外套中的传统合身裁剪。这款香奈儿2017年春夏高级定制系列展现出十分正式感。

右图：加勒斯·普（Gareth Pugh）的人体工学设计呈现了一种浪漫、非传统的风格，与经典风格形成对比。这张图是2011年秋冬的成衣系列，突出了身体的动态感。

工业系统（包括服装行业在内）在全球范围内造成破坏，导致全球变暖和其他灾难，比如这条因水藻大量繁殖而遭到破坏的河流。

认可慢时尚的道德观念

在碳足迹问题上，不违背内心的良知，在行为上追求诚信。时装业是全球造成污染程度最大和剥削程度最大的行业之一，因此，如今的时装设计师必须知道自己会产生什么"蝴蝶效应"，认识自己的产品对社会和环境的影响。

培养全球视野，了解个人的设计作品如何适应时装行业至关重要。每日在面料采购和服装生产方面做出的决策将对环境、工人福祉产生深远影响，也会对服装制作中的纤维和工序的长期可持续性产生深远影响。

为了解决这些道德的问题，一场日益壮大的"慢时尚"运动渐渐兴起。快时尚要求高速地、有计划地淘汰服装，而且快时尚追逐流行趋势，短暂穿着便可丢弃，供应商的服装质量差，对环境造成负担。与此相反，慢时尚则鼓励服装在整个生命周期中的可追溯性和透明度。慢时尚秉持的观念是，选择服装时应该经过仔细思考，而不是为图方便而不假思索，这样才可以让世界和服装行业变得更好。

慢时尚旨在实现长期可持续性；其目标和宗旨是尽量减小对地球的影响，再次回到手工制作，给予产品更多制作精力，关注劳动实践的公平。慢时尚支持合理定价，售卖高品质产品，在生产实践的各个阶段促进诚信。简言之，这一观念的核心就是"少生产，多创造"。

要实践可持续的慢时尚原则，设计师必须在使用任何材料或劳动力之前，学会向面料供应商和服装承包商提问题。例如：

（1）是什么使这种面料是环保的并符合道德观念的呢？这种面料是否有机、可再生、可再循环、可生物降解、可堆肥？

（2）这种面料是如何染色和完成加工的？在制作过程中使用了哪些化学品？

（3）这种布料经过了多少次工厂间的运送？

（4）在服装承包生产中，服装在哪里裁剪和缝制？工厂是否发放公平贸易工资，是否有童工法和安全工作环境？

（5）运输产生的碳足迹是多少？

（6）作为服装制造商，是否在从事生产的地区为社区发展而投资？

如今的时装行业必须关注质量，而非数量。作为设计师，我们必须推崇对有机棉这种优质材料的尊重。尽管有机棉的生产成本显然高于采用标准方法生产的棉花，但是为公平贸易劳动力和保护地球的目的而选择采用有机棉，我们应该感到自豪。

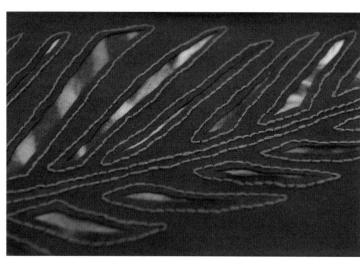

打造 100% 可持续的畅销时装是有挑战性的。制作过程需要持续检查材料和劳动力资源，而且涉及公共教育领域。设计师和时装公司以合理价格出售高品质服装，公众才更容易理解他们的购买力是有助于保护环境的。消费者需要明白，购买一件能穿许多年的高品质夹克是更好的选择，而不是购买五件夹克，洗涤几次便扔进垃圾填埋场。

许多有责任感的成功时装品牌在服装制作中追求可持续性发展。有的品牌可能只采用经公平贸易认证的产品，坚持动物保护的标准，或者避免使用有害化学品。还有一些品牌正在尝试采用零浪费的样板裁剪设计工序，或者实现慢时尚另一个主要愿景：回收或重新利用旧衣物和材料。

娜塔莉·查宁（Natalie Chanin）的开创性公司阿拉巴马·查宁（Alabama Chanin）就是一个典范。2000 年，她开始采用回收的针织棉 T 恤制作服装，组合使用拼布和反向贴花工艺（见上图），将这些 T 恤缝合在一起，打造出独特而精美的服装。她基于家庭手工业—工业的商业模式，利用她所在地区的劳动力资源，即阿拉巴马州佛罗伦斯的几代手工缝纫工。虽然阿拉巴马·查宁的大多数技术都是来自大萧条时代的南部，但也有一些技术是由这几代缝纫工完成的。

高级定制的十大要点

1.设计品质

设计之初必须要以坚实的基础为起点，以一种稳定的设计为主，这种设计永不过时、与文化相适应、符合客户所需。详见《优秀设计的十大原则》（第17页）。

2.立体裁剪、标记和打版

高级立体裁剪、标记、修正和纸样制作技术能确保设计的完整性，传递情感内容，并涵盖与合身度和功能有关的所有实用要点。

3.运用样衣达到完美的合身度

制作坯布样衣，即试穿样品，是非常重要的步骤。通过调整坯布解决身体不均衡的问题，达到准确的合身度、良好的比例和造型。

4.选择最高品质的面料和饰边

学会欣赏高品质的织物。

5.面料的支持系统（三"S"）

制定一个方案，让高品质面料展现出其最好的属性。

- 表面完整性（Surface Integrity）：添加"平衬"或"里衬"有利于保持布料表面的完整。
- 支撑结构（Support structure）：精心制定最佳方案，以固定布料。
- 稳定性（Stability）：明确设计中哪些区域需要使用支撑元素来控制布料。

6.工艺水平遥遥领先

正确的缝合方式决定哪些部分由手工完成，哪些部分由机器完成，并决定作品的制作手法是轻柔的或用力的。

根据需要使用先进的制作技术来保持设计的完整性。

7.专业的熨烫

专业的熨烫是高级定制的关键。每个接缝处在缝制过程中都必须进行中烫，使得最后的熨烫只需轻轻熨一下即可。过度熨烫可能会严重损坏面料。

8.无可挑剔的点缀和装饰

添加任何三维元素都需要有其存在的理由，并应用最高水平的手工艺。

9.采用高级的制作方法

- 紧跟技术前沿、机械技术的进步、新的制作和手工艺技巧。
- 尝试自己的新想法。

10.完善细节

最后的细节将确定服装的重点和流畅度。蝴蝶结的扭转方式或下摆的提升，都必须紧密关注客户的气质以及设计师心中对服装的构想。

应用高品质工艺

不论我们工作的层次是什么，无论是在土著部落还是在高级时装沙龙里手工缝制服装，都应该尽可能运用最高水平的工艺制作服装，并引以为荣。当然，要成为所有工艺领域中的专家是很难的，但作为时装和戏剧服装设计师，我们要努力学习尽可能多的知识。关键是要去体会艺术所带来的感受，而不是掌握所有技能。能够识别和感受高品质的高定服装、精美的刺绣、经完美熨烫过的欧根纱下摆，这才是我们的目标。这将使我们能够启发、引导、并继而信任那些能够制作高价值、高品质服装的专业工匠。

1962年，可可·香奈儿（Coco Chanel）在时装秀开始前调整袖子。精通自己手艺的设计师才拥有最终的控制权。

> **了解手艺，学会手艺！**
>
> 这是 Lily et Cie 的丽塔·瓦特尼克（Rita Watnick）经常对学生说的话，也是她在时装行业工作数十年取得成功的秘诀。

卡尔·拉格斐以丰富的知识和经验，与 Lemarié 山茶花及羽饰坊工匠们的合作，使他的装饰设计才华得以充分展现。

打造当今的传世服装

传世服装品质可归类为其自身特有的一种类别。这一类别的服装可以将简单的手工缝制与最复杂的技术相结合。它不同于高级定制服装，因为这种服装不一定由高定时装集团制作，而且与装饰性的美相比，这种服装具有更深刻的意义。人们渴求并收集具有传世品质的服装，因为它体现了一种真实感，并传达了一种故事或神圣的品质。

通常来讲，家族传世之物是代代相传的珍贵物品：它可能是一颗特殊的水晶，一件亚麻刺绣桌布，一串贵重的项链，或是一本书。传世之物通常会有一个故事，比如它是如何得来的，或是蕴含着一段回忆，比如祖母在婚礼当天穿过或戴过它，亦或者它最初承载过一段旅途的细节。

因此，一件传世服装是可以永远保留的，可能还会代代相传。这种服装制作精良，款式优美，旨在使其能经久耐用。随着消费者越来越在意品质和可持续性，他们希望获得那些真正耐穿的、能在许多方面符合他们的生活方式的服装，并能够加入他们的传世服装系列。

《高级创意立体裁剪》为设计师成为行业精英和创新人才指明了道路。练习书中所述的立体裁剪技巧，从基础到复杂，并接纳第31页"设计师的目标和愿景"中的理念，能够帮助你做好准备，成为创造未来传世服装的设计师。

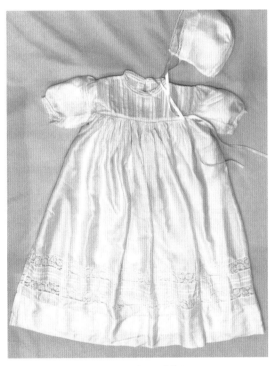

我家有三代新生儿穿过这件真丝洗礼礼服。

如何使用本书

建议读者应具备基础的立体裁剪知识，并有一些修正和制作样板的经验。不过，在将立体裁剪作品转化为样板的修正过程中，制作样板的技能将会提高，你将理解为何样板的曲线和角度要以其特定的方式形成。立体裁剪和样板制作技能相辅相成，最好同时学习。

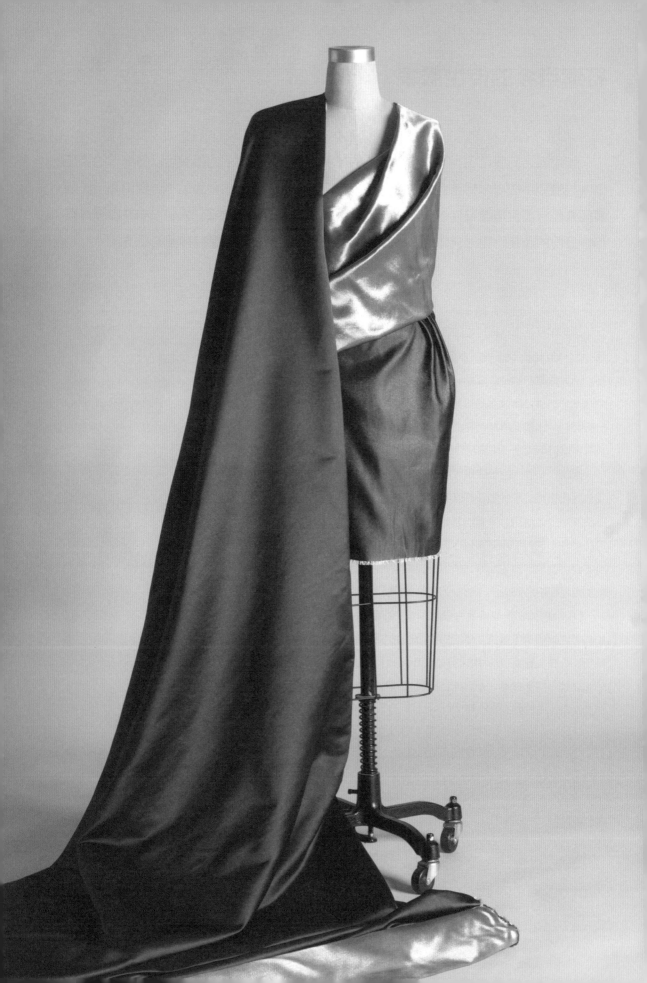

第一章
实验性立体裁剪

目标

效果预测技能培养：通过运用面料评估系统，训练眼睛对成品设计的可视化能力。

开始设计一个系列：评估哪些面料能够传达预期的设计构想。

练习1：第一印象

分析面料的视觉和触感特点，评估其尺寸和体量。

练习2：研究纱向线

区分并标记三种不同的纱向线。

练习3：测试设计元素

选择合适的设计元素与特定面料相匹配。

练习4：制作测试

评估制作技术和支撑材料。

练习5：特殊效果与装饰

通过测试面料的颜色、质地、层叠、装饰以及各种工艺处理，探索面料的可能性。

案例：根据灵感板进行实验性立体裁剪

根据特定灵感，使用各种材料和饰边，开发实验性立体裁剪并绘制草图。

※ 灵感和面料，谁先行?

对于画家来说，水彩和各种油是他们绘画的媒介。而对于服装或戏剧服装设计师来说，媒介是面料。深入理解面料的性能对于展现高品质设计至关重要。

实验性立体裁剪是一种设计开发技术，是指将自然形态的织物搭在人台上，用珠针固定，但不进行裁剪。这种方法通常在设计刚开始时用来获得设计方向，激发想象力、创造力，甚至是具体的设计。这种方法也可以在一个系列产品设计完成后进行，有助于发现某种特定面料如何表现出设计师想要的视觉效果。

通过实验性立裁，研究某种织物的视觉效果和具体特点，设计师将了解到抽象概念如何转化为实际的三维型态。

纱向线识别练习有助于发现：即使纱向发生微不足道的变化也能改变服装的格调和色调。制作练习能够体现出面料的特性；有些面料需要精细的裁剪，而有些只需简单轻裁就能展现出动人的效果。观察面料的动态效果和与各种设计元素的搭配效果，有助于设计师想象制作细节，最重要的是，有助于设计师预测采用特定面料完成的设计作品的最终效果。

实验性立体裁剪练习能培养设计师找到自己的表达形式。许多设计师找到了与他们的标志风格相匹配的面料，然后，这种面料便成了他们个人独特的设计媒介。持续使用并了解这种面料在各种情境下的表现，使设计师能够尽可能地突破面料的局限，让面料真正为设计师所用。例如，可可·香奈儿因使用林顿（Linton）粗花呢而闻名，粗花呢后来成了她品牌的标志款式。经典蓝牛仔裤的诞生也是一个典型例子。李维·斯特劳斯（Levi Strauss）先生利用源自法国尼姆市［法语为"serge de Nîmes"，即"denim"（丹宁）一词的由来］的靛蓝牛仔布面料，为加利福尼亚淘金者开发出效果良好的工作裤。

用黑色氯丁橡胶和奶油色网面面料进行的实验性立体裁剪测试设计。

效果预测技能

效果预测技能必然涉及训练大脑去预见一款设计采用特定面料完成后会展现出的效果。掌握这种技能至关重要，需要付出大量的练习和实践，但预测设计结果的能力是衡量设计师成功概率的重要标准，因为这种能力可以节省宝贵的时间和金钱，否则就需要做大量的试验。

通过研究、策略探索以及深入研究、反思和评估纺织品悬垂效果，有助于培养这种技能。设计师都必须与其所采用的面料建立一种关系——这种关系包含视觉、触觉和直觉——并了解面料与结构、装饰和颜色搭配的可能性。花时间去了解一种织物，才有可能会设计出最好的作品。

了解你的媒介

- 坚定地"握手"。
- 用正确的名字称呼它们。
- 带它们一起去"吃午餐"（以深入了解面料）。
- 洗涤面料并试穿。
- 折叠并悬垂面料。
- 缝合并粘合面料。
- 将面料浸入不同颜色的染料中。

1987年，克里斯汀·拉克鲁瓦（Christian Lacroix）在模特身上进行面料的实验性立体裁剪。

面料评估清单

在进行实验性立体裁剪以评估面料时，采取系统化的方法会很有帮助。使用以下列出的标准来评估面料，同时记笔记或拍摄照片。

1.视觉垂感

- 第一印象：注意面料的悬垂效果，用词语描述其特点，如"厚重而流动的垂坠感""平整而不透气""轻薄并透气""大胆而热情"。

- 注意布料与人体的关系。这布料适合贴身穿着，还是留出一些空间会更好？预测体量：一次需要多少种面料穿在身上才舒服？思考尺寸；面料适合线条简洁大气的设计还是精巧的设计？

- 观察不同纱向线的视觉差异。强韧的经向纱线（经纱）通常是竖直放置的，而纬向纱线（纬纱）则围绕身体，但可以思考一下放置方式的不同会对面料的表现产生怎样的影响。让布料的斜向线垂直下落通常会呈现出更柔软、更性感的外观。（参见第36-41页，了解更多纱向线方面的知识）。

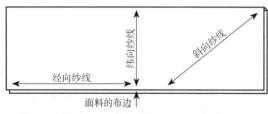

经向纱线（经纱）通常比纬向纱线（纬纱）更强韧，在大多数服装设计中通常使经向线保持竖直。针线会沿对角线拉开，因此斜向纱线会延长伸展。

2.面料触感

- 感受织物的手感，用词语描述其重量和质地：轻薄、柔软、平整；厚重、有颗粒感。了解面料是否会伸展，确定面料的最好用途，如用于制作内衣还是外衣。

- 注意表面特点：松软度、绒面、编织、图案或印花。

3.情绪与色调

- 思考面料在感官和情感上的特性——面料的触感和视觉特点所展现出来的故事、个性和态度。

- 研究面料在历史或文化上的参考物，注意这些参考物可能给服装带来什么引申内涵。

- 在一个特定的场景中，想象一位缪斯女神，可以是真实的，也可以是虚构的人物，预测面料制成服装其试穿后所呈现的效果。

4.设计元素和制作细节

- 设计元素：测试面料和碎褶、省道或刀褶的搭配效果。

- 制作细节：注意哪种纱线方向效果最佳，以及面料是否需要预清洗、粘合，或者添加里衬。

- 注意面料是否适合采用强硬或轻柔制作手法的一般制作风格。面料若是轻薄而透明的，则需要法式接缝；面料若是厚重的，则需要平缝和明线处理。

5.装饰

- 增添三维装饰元素——珠子、刺绣、饰边或者处理方法（即用一片主面料制作饰边或达到特殊效果）至织物的表面，作为服装的突出特点。

6.色彩

- 为每件服装选择合适的颜色和色度搭配，使其能够融入某一系列产品中。

绉纱是完美的面料。它能随身体流动，如玻璃般光滑，具有理性主义的美感。

斯蒂芬·罗兰（Stéphane Rolland）

小练习

研究两张用来寻找灵感的服装图片。参考我在图片下的分析，使用面料评估清单中的标准，记录下它们情绪和色调的差异。

面料的颜色和纹理如何表现情绪和色调

　　色彩和质地能营造氛围。色调（想想音乐的音色）与光谱上的强度有关，变化范围由淡到重，由甜美到暗黑。色调能激发情感，创造"情绪"，这种情绪可以是欢乐而愉快的，或是热烈而严肃的。所选择的布料通过色调影响情绪，构建出一个想象世界。

　　这幅《达那伊得斯》（*Danaides*）的大地色、纯亚麻的色调柔和而抒情；这种色调唤起的是冥想、慵懒的情绪。电影《赎罪》（*Atonement*）中的绿色真丝裙色调较高，呈现紧张、尖锐、进击的情绪。

约翰·威廉姆·沃特豪斯（John William Waterhouse）1903年　《达那伊得斯》

电影《赎罪》中杰奎琳·杜兰（Jacqueline Durran）设计的查米尤斯绉缎长裙

　　在英国拉斐尔前派画家约翰·威廉姆·沃特豪斯的作品《达那伊得斯》中，服装面料给人的第一印象是温柔。面料看起来柔软，细腻地呈现女性的曲线，给人一种亲密的感觉。你几乎可以感觉到面料轻柔的手感——面料的悬垂效果呈现出性感的特点。其情绪和色调是端庄和纯真的，一点都不局促，而且面料的轻透给人一种少女的柔弱感。轻柔的制作手法，加上自然悬垂的款式，加强了放松自由的情绪。面料聚集的地方形成微小的褶皱，显得精巧，体现女性特征。面料看起来像来自田园的天然纤维，而且，鉴于作品创作的背景，其面料可能是一种精细的亚麻或羊毛。面料的颜色柔和，呈大地色，增添了女性的温柔魅力。

　　在这张电影服饰的照片中，查米尤斯绉缎给人的总体印象是力量和强烈。可以看到它比《达那伊得斯》中的裙子垂坠感更强，是斜向线悬垂的，径直地垂到地板上，表现出角色的大胆和果断。面料的手感柔软，呈缎面的特有光泽，具有性感的特点，但与《达那伊得斯》呈现的效果截然不同。这种有光泽的面料，与该女性角色身上的自信相匹配。这件丝滑、缎面服装的情感特点暗示角色的优雅和复杂，但光会发生偏离，那是否意味着这一角色隐藏了些什么？绿色可以代表自然的平衡，但极端地来讲，也可以代表羡慕或妒忌。

开始设计一个系列：选定面料，设定情绪

设计先行，还是面料先行？一些设计师从一个强烈的概念出发，然后寻找与之相匹配的面料。另一些设计师则反其道而行之，他们首先寻找具有某种质地或印花的面料，以激发他们的灵感，或唤起他们想要表达的某种感觉或态度。

研究具有特定历史用途的布料如何转化为当代的服装。例如，羊毛法兰绒常被用于制作西装。对宽松舒适的服装进行一些裁剪，如给连帽卫衣增加贴边袋，就是一种连接过去和现在的方式。

测试面料的搭配和组合非常重要。单独采用一种面料可能产生强烈且有趣的效果，但与另一种面料搭配，其特性会变得更强烈。相反，一种布料也可能需要另一种布料来调和或者弱化效果。

左图：安东尼奥·玛哈斯（Antonio Marras）2019年秋冬成衣系列中男性和女性的气质的结合。

对页图：凯洛琳·齐埃索（Karolyn Kiisel）的工作室。

我痴迷于进行对比，男装面料结构立挺而厚重，几乎无法穿透，正如典型的男子气质；女装面料轻盈、流动、柔软、透明、缥缈，二者形成强烈对比。我喜欢将二者混搭、重叠和裁剪，看这两种面料融为一体，如同一对恋人之间那意外且神秘的爱情。

安东尼奥·玛哈斯

设计师的目标与愿景：面料选择

找到焦点

设计若想要取得成功，就要讲述故事。灵感板是个不间断的项目，要持续添加内容上去，并参考其内容，获取细节。

- 作为参考的服装，无论是复古款还是新款，都有助于做出设计决策。
- 获取实物，作为质地或主题的提示。
- 词汇——一首诗、短语、从同义词词典中选出来的词汇。
- 一些艺术家的作品传达的信息和态度可能和你想要表达的内容相似，浏览这些作品，包括美术作品、电影、社交媒体。
- 寻找一个灵感缪斯，作为支撑整个系列作品的感觉基础。

进行研究

找到作为参考的服装或印刷品，研究面料在历史上、文化上或在当代的应用。了解面料的传统用途将有助于认识适合的廓型、服装类型和制作方法。

运用分类研究技巧：

- 制作时间线，列出面料从过去到现在的应用。
- 寻找运用这一面料制成的现代服饰。

列出面料最常应用的情景（如用于运动装还是晚礼服）。

通过对比研究面料成分：

- 描述布料手感，尝试识别面料成分。描述不同纤维的感觉。
- 如果是混纺面料，描述各个成分的特性。
- 对比面料重量、透明度或质地。例如，查看三种轻薄丝绸的透明度。

认识优秀设计的原则

为设计选择恰当的面料。回顾"优秀设计的十大原则"（第17页），尤其是"形式追随功能"这一条我们会发现，在选择面料时首要的是评估面料是否与其功能相适应。

符合人体工学

思考每种面料的动态效果。面料适合贴身穿着还是作为外衣穿着？面料适用于合体制作技巧吗？如果面料是针织品，应该具有多少弹性？

认可慢时尚的道德观念

提出正确的问题：了解面料的碳足迹（第19页）。

应用高品质工艺

思考面料要制成服装的背景和价格，确定能够负担的面料品质和细节水平。

练习1：
第一印象

实验性立体裁剪需要设计师感到放松，跟随直觉。接下来，我会探索一些面料，应用于"插花""地球遗产"或"黑暗光芒"系列。此时应运用能找到的面料做练习，遵循系统化的方法。我基本以"面料评估清单"作为指南，从宏观印象出发，感受情绪和色调、视觉和触觉等特点，发现设计和制作元素。过程中记下笔记以供之后参考。

在开始评估面料之前，将灵感板放到面前，然后深呼吸，全神贯注于想要表达的想法。

我考虑将真丝雪纺和双面横棱缎这两种不同的红色真丝应用于"黑暗光芒"这一系列。红色是这一系列的标志颜色，让我感到积极，但现在我将对这两种布料的垂感、手感、感官特点、情感特点进行评估。

真丝雪纺

细心处理面料

开始实验性立体裁剪之前：

- 检查珠针，不能太粗重以至于损坏面料；若要采用标记缝标记纱向线，应检查缝衣针。
- 为避免在非常精细的面料上出现钩破或拉扯，悬垂布料时需要戴上手套。
- 研究面料时，尽量不要裁剪面料；将余量放到后面或落地板上。

记录

- 拍下纱向线悬垂的照片。
- 绘制纱向线示意草图。
- 记下效果最好的省道、塔克褶或碎褶方式。
- 成功的支撑元素测试（运用裙撑、网或金属丝）。
- 缝制测试，比如边缘处理的结果。
- 装饰物测试结果。

真丝雪纺

真丝雪纺给人的第一印象是柔软、透气，其透明质感给人缥缈的感觉，呈现出的态度是温柔和富有磁性。

- 体量：需要大量的面料来产生强烈的效果；即使5.5米的真丝雪纺可能也不够制作一件带袖的裙子。
- 尺寸：其呈现的精巧碎褶样式似乎更适合制作一件经精心缝制和细节处理的精美服装。
- 手感非常柔软而舒服，几乎没有重量。
- 在历史上，真丝雪纺常用于制作围巾、新娘礼服或晚礼服的外纱、轻薄的女士衬衫等，适合宽松的设计，以突出其透明美。

真丝雪纺颜色艳丽强烈，但不适合"黑暗光芒"系列；由于其过于轻盈且不显眼，与"黑暗光芒"系列呈现的强大力量不匹配。

视觉效果：尺寸和体量

我们应意识到，服装尺寸和比例的呈现与个人设计感知有很大关系——这两个因素能使你的设计风格独树一帜。进行原创时，你可以创新地打造尺寸和体量来制作独特的款式。

双面横棱缎。

以下两种面料的颜色属于春夏调色板，现在我将检查这两种面料能否应用于"插花"系列作品。

缎面欧根纱

缎面欧根纱给人的第一印象是美到极致，轻薄透气，但既饱满又有实物感，就像一个大棉花糖。

- 体量和尺寸：具有流动的垂感，就像面料从手中滑去而努力抓住它的感觉。大尺寸设计，搭配饱满、宽大的裁剪，作为外衣穿着能够展现其立挺质感、轻薄特性和动态感。
- 经向线的碎褶款式比纬向线更平整，斜向线的碎褶具有更明显的柔和流动感。
- 手感柔软而冰凉，几乎没有重量。其质地一面是哑光的，而另一面是亮光的，非常有趣（右图）。
- 故事：难以表述，转瞬即逝，然而既轻盈又轻佻，展现出温柔的态度，女性化的气质，布料的动态优雅，闪着微光。
- 蓝色的色度与"插花"灵感板中的天空相呼应。

双面横棱缎

双面横棱缎给人第一印象是具有强烈、明显的廓型。布料上的碎褶带来了足够的立体感，布料挺括，不需要支撑就能保持形状。

- 体量：此处所用的 2.75 米布料已经是我愿意一次性穿着的最大量了——除非我是出席纽约大都会艺术博物馆慈善舞会的女明星。
- 尺寸：这种布料在人们生理上和心理上都占据了不少空间。它适合线条简洁大气的设计、适用于体量较大的服装。
- 用碎褶样式测试纱向线时，经向线使得碎褶较粗糙，而纬向线则使碎褶更精致，所以这种布料的纬纱必须比经纱强韧。
- 手感厚而挺括，但可塑性强，表面具有非常柔和的缎面效果，展现出性感的特点。
- 历史上，双面横棱缎一直用于制作晚礼服和宽大的半身裙，因此这种布料看起来总是很正式。
- 这是一种性感的面料，表面柔软，但内在坚韧。布料呈现出一种公开、具有攻击性的态度，在人群中会引人注目。
- 双面横棱缎这种面料适合"黑暗光芒"系列。

缎面欧根纱。

绗缝丝织物

绗缝丝织物给人的第一印象是宽松、厚实，然而却出乎意料地轻薄而挺括，能形成俏皮的造型。

- 尺寸与体量：无论是在视觉上还是现实中，这种面料都呈廓形，引人注意，适合线条简洁、大气的裁剪和设计款式。
- 面料轻薄而硬挺，略微扎皮肤，手感干燥。似乎这种布料最好不要贴身穿着，可能适合制作夹克或者礼服。
- 这款绗缝丝织物的花卉编织具有丰富质感和表面特性；斑驳的色彩赋予其层次感。
- 这款面料给人以轻松愉快、调皮的感觉，让人仿佛能感受到春天、花园、蓝天和蓬松的云朵；呈现活泼的态度，但丰富而复杂的质地又很优雅。
- 人们并不常穿着绿色这种色度的服装，因此穿着者需要有独特的气质，可以是一位时尚名人，或在一场华丽婚礼上穿着这种面料。
- 春天的色调与有趣的质地使得这种布料适合"插花"系列。

目前正在测试下面这种面料适合的印花尺寸。其色彩搭配将应用于"黑暗光芒"系列中，但只采用一种印花尺寸。

查米尤斯绉缎

查米尤斯绉缎给人的第一印象是柔软，具有流动的垂感，薄而不透，有重量，印花图案使面料的清晰度更高。

- 这种面料的悬垂效果十分贴身，碎褶款式可能会增加体量，但是适中的廓型似乎最合适。
- 经向线和纬向线的悬垂效果大致相同，但是斜向线的悬垂效果则不同，其垂坠效果更强，延展更多。
- 查米尤斯绉缎柔软，但有些有颗粒感，呈现温柔而复杂的态度。
- 查米尤斯绉缎是丝绸贸易的主打产品，最常用于制作女士衬衫、连衣裙、喇叭裙和轻便夹克。
- 我们选取的历史参考服装来自20世纪80年代，这件面料的印花和那个时代流行的印花相似，面料若是用于制作有垫肩的服装，则要强调这一参考服装的款式。
- 尺寸评估：小比例印花似乎更适合"黑暗光芒"系列的合身类型和体量。

春绿色绗缝丝织物。

两种配色的查米尤斯绉缎。

紧身上衣的悬垂

以下面料将从人体工学的角度分析贴身服装，因此需要了解面料的拉伸性能和松量。

对于机织无弹性的布料，为保证舒适，需要留出一定的松量。经典合身版型的普遍标准：胸围处总体留5厘米，腰围处总体留2.5厘米，臀围处总体留5厘米。

注：对于非传统的人体工学设计，没有固定的标准。

绗缝丝织物

绗缝丝织物给人第一印象是具有一种柔美的力量。

- 面料与下胸围处的塔克等设计元素搭配效果好。
- 面料挺括但是柔软，适合贴身穿着。
- 腰部喇叭下摆的活泼感与布料呈现的态度相符。
- 松量看起来很完美。松量已通过在侧缝处用珠针固定而确定。
- 松量符合预期的服装尺寸，紧身但又舒适。

玫瑰粉混色绗缝丝织物。

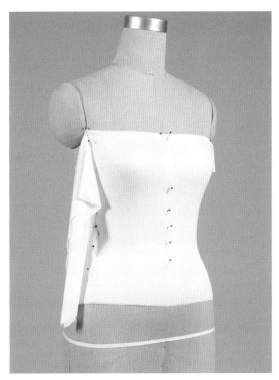

轻质莫代尔人造棉针织。

莫代尔人造棉针织

莫代尔人造棉针织第一印象是具有柔软的拉伸性、流动的垂感，因此适合贴身穿着，如用来制作T恤或内衣裤。

- 测试布料的弹性。达到紧身而舒适的最佳点即可，再紧身一点就不舒适了。
- 布料自然垂坠，外观光滑而洁净，适合一些增加体量的设计，面料可采取碎褶或裁剪设计，使其向下竖直悬垂。
- 注意：对于针织面料，不需要留松量。不过，始终需要测试面料，寻找最佳的拉伸度，实现面料最好的性能。如果面料收得太紧，会显得人很紧绷。

练习2：
研究纱向线

熟练运用纱向线是设计师的秘密武器。有意识地控制纱向线能够改变服装设计的外观、所呈现的态度和情绪。采用不同的纱向线搭配或使用斜裁，能够达到很好的效果。立裁之前，仔细标记纱向线，将面料准备好，这样做能够在立裁测试时容易观察到纱向线悬垂的效果。

研究面料在经向、纬向和斜向悬垂时所呈现的效果差异，有助于预测你想要的效果，并就设计的特色做出决定。一定要对实验性立裁的效果进行拍照或绘制草图，使用一些词汇描述你看到的效果。

纱向线定位
测试面料拉伸度

 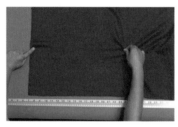

第一步
- 抓住面料的布边和向内约30.5厘米处。
- 往两边用力拉，测试面料的拉伸度。
- 双手往上或往下移动几厘米，再次拉动面料测试拉伸度。

第二步
- 继续往上或往下移动，拉扯面料，找到张力最大的地方，这里便是经向线或纬向线真正的位置。
- 使用珠针进行标记。

抽拉的方法
- 这种方法适用于强调十分精准的纱向线排布的设计，比如设计一款紧身胸衣、一件十分紧身的服装，或者纱向线极为突出的服装。
- 在面料上打一个剪口，长度约1.3厘米。
- 在编织布料中抽出一根纱线，轻轻地拉出来，在面料上形成一种"抽丝"或者碎褶的样式。
- 将抽丝的地方用铅笔或画粉标记出来。尽管这种方法适用于找到纬向线和经向线的边缘，需要注意的是，这样做会使这些线一直凸显。

标记纱向线

可以使用基础的"测量并标记"方法,即测量面料撕开的边缘或布边来寻找纱向线。不过,如果使用的是最终的设计布料,要认真思考用什么来标记纱向线。粉笔或隐形记号笔都可以选择,但首先要测试这些标记物能否安全地清除。

标记缝

这一技术适用于最终的设计面料上。首先,定位纱向。对于未裁剪的布料而言,布边即经向线。如果布料已经经过裁剪,采用以上描述过的一种方法来确认经向线和纬向线。然后,确定你预期的纱向线标记缝的位置。对于实验性立体裁剪,可随意安排其位置。大约30.5厘米的面料就足以用来测试了。

使用直尺或米尺,从布边测量,用珠针或打线丁来进行标记。使珠针垂直于毛缝线,以珠针的进入点作为分界线。

将面料放在桌上,沿珠针用针穿过面料,使用非常大的针脚。在直尺或米尺上放置重物可以防止缝纫时面料移动。

标记纬向线时,可使用直角尺找到垂直线,然后按照上述步骤进行操作。

标记带

首先,测试标记带,确保不会在面料上留下印记,按照上述步骤找到经纬纱线。然后,使经纬纱线处于标记带正中,沿经纬纱线贴上标记带,取代标记缝。

研究三种纱向的悬垂效果

经向线竖直下垂时,大多数面料的垂感会更和谐,服装因而看起来更修长,显得穿着者更美丽。不过,有些时候,强韧的经向线会围绕身体放置,使面料向外蓬起。此外,也有一些面料的纬向线比经向线更强韧,使得纬向线竖直下垂时面料拥有更平整的垂感。不要忘记测试斜向线,纱向线的悬垂通常呈现更柔和的垂感,面料会具有一定的弹性。

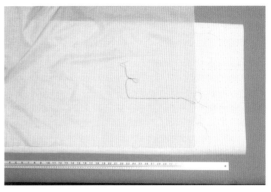

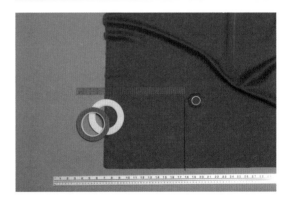

研究纱线方向

这里，经向是水平的

这里，经向是垂直的

第一步

- 测试双面横棱缎的纱线方向。
- 使用珠针固定，使面料的经向线竖直下垂。
- 在腰围处系上一段丝带或松紧带，将布料从腰带内拉出。

第二步

- 将碎褶调整均匀，让纬纱平行于地面，使松紧带以上的面料是均匀的。
- 分析面料的垂感，并拍照。
- 将面料的纬向线竖直下垂，重复以上步骤，然后拍照，比较两种纱向的悬垂效果。

结论

按照经纱方向悬垂的垂感显然比纬纱方向更平顺。按照纬纱方向悬垂时布料在臀部会鼓起，碎褶区域看起来更厚实。

羊毛真丝混纺面料经纱方向悬垂。

羊毛真丝混纺面料纬纱方向悬垂。

两种纱向的垂感差异在这两张图中更明显，不过有趣的是，按照纬纱方向悬垂的面料更平顺（右图）。羊毛真丝混纺面料的纬纱比经纱更强韧，所以左图的纬纱使布料在臀围线处向外蓬起。

研究斜向纱线

- 使用标记缝法标出这种柔软的真丝网眼面料的纱向，包括斜纱。
- 在肩膀处用珠针固定标记的斜向纱线，面料按照斜纱方向悬垂。
- 在腰部系上一段丝带或松紧带，将面料穿过腰带，并调整均匀。
- 在左图中，面料按照斜纱方向悬垂。面料的缝线展开拉伸，呈现柔和的垂感。要注意，面料按照斜纱方向悬垂时，布料往往贴紧人台，看上去很舒适，呈现出一种柔和的情绪。

了解面料及其特点

　　设计师对各种可用面料的了解越深入，就越容易选择出最适合某一设计的面料。并且在立体裁剪时，必须能够预测出这些面料相较于坯布的特点。

运用纱线方向设定情绪和色调

　　以下面料的悬垂测试是为"黑暗光芒""插花"和"地球遗产"系列做的研究，集中于研究三种纱向的表现，以及它们如何影响情绪和色调。不必严格按照这里的操作步骤，关键是使用一块布料，但能同时观察面料的三种纱向悬垂效果，以便观察三者的差异。尝试绘制纱向线示意草图（参见下一页）来获取灵感。

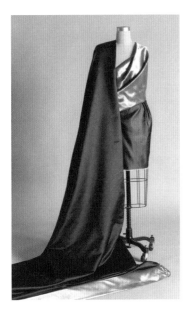

第一步
- 标记纱向线，包括斜向纱线。
- 首先使面料按照经纱方向悬垂，然后使用珠针在腰部或肩部固定。
- 研究经纱的悬垂效果，并描述其视觉特点。

第二步
- 使面料按照纬纱方向悬垂，使用珠针在腰部或肩部固定。
- 对比这两种纱线方向的效果。从另一种视角去观察，即从照片上对比两种纱线方向的悬垂效果。
- 使面料按照斜纱方向悬垂，使面料拉伸。
- 记录你对面料尺寸、体量、人体工学方面的印象，思考这种面料最适合于哪种设计。
- 绘制大致的草图或纱向线示意草图，以便在设计过程中参考。

评估
　　这款"黑暗光芒"系列的午夜蓝双面真丝面料与双面横棱缎的重量差不多，但垂感更柔软。斜纱具有拉伸性，在胸部能形成美丽的褶皱，经纱和纬纱的垂感相似。

　　绘制大致的纱向线示意草图来描绘出服装的线条流动，为立体裁剪提供方向参考。请注意："A"图呈现出抒情的流动感，以腰部的设计为焦点。"B"图呈现向下的拉伸感，肩部有特别的装饰曲线。

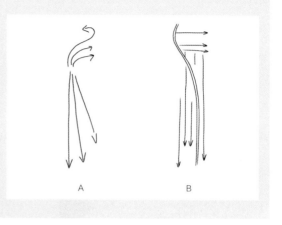

金色亮丝亚麻布。

　　这款面料可应用于"插花"系列，是一种金色亮丝亚麻布，具有迷人的闪光质地，金色亮丝为柔软、可塑的亚麻布增添了重量。这种平纹织物易于缝制，可考虑应用复杂的结构设计。

第一步
- 标记纱向线，包括斜向纱线。
- 首先使面料按照斜纱方向悬垂，在肩部使用珠针固定，然后从胸部到两侧将面料抚平整。
- 注意，上衣面料按照斜纱方向悬垂时更加贴身，符合人体工学，因为这样的悬垂方式使胸部的面料自带弹性。

第二步
- 使面料按照经纱方向悬垂，在腰部形成几个刀褶，让面料自然垂向地面。

第三步
- 让人台右侧的面料从肩部按照纬纱方向悬垂。
- 注意这个区域的面料（按纬纱悬垂）与前片的刀褶区域（按经纱悬垂）的区别。

评估
- 退后一些，从远处观察面料的视觉效果。
- 记下面料的视觉特点，随手写下一些词汇描述其特性。

- 问问自己打算使用多少米的这种面料制作一件服装，来评估其体量和尺寸。

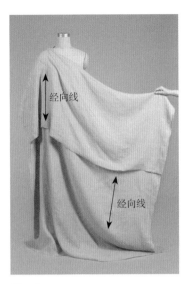

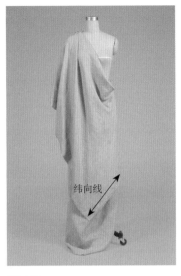

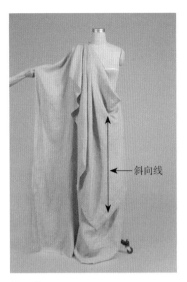

第一步

• 标记纱向线，包括斜向纱线。

• 使面料按照经纱方向悬垂，将大约101.5厘米的面料向前折叠。

• 在离布料边缘25.5厘米至30.5厘米处，使用珠针将布料固定在右肩。

第二步

• 在左臀部用珠针固定面料，让面料悬垂，如图所示。

• 将右肩的面料向前带，使面料按照斜纱方向悬垂。

第三步

• 抓住外层面料的一角，使其与人台平齐，向人台的中心打褶，直到离布边约25.5厘米处，形成如图所示的瀑布褶（一系列层次错落的褶裥）。

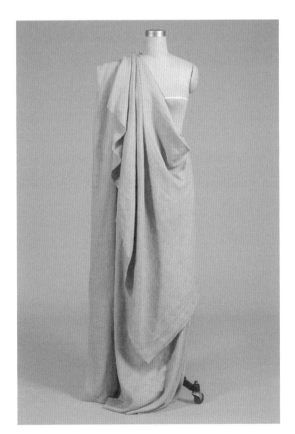

第四步

• 从背后取出布边，向人台中心往内折叠约5厘米，并在肩膀处用珠针固定。

• 在左臀部进行调整，使面料按斜纱方向沿前中线悬垂，在臀部形成垂褶。

• 将余量用珠针固定到左侧背面，以形成整洁的外观。

评估

　　这款"地球遗产"系列的鼠尾草绿丝麻面料，给人的第一印象是柔软、质朴且舒适。可观察到经纱在前片的垂感、斜纱向右臀部形成的垂褶、右侧纬纱的垂感，以及三者在视觉特性上的差异。

练习3：
测试设计元素

采用实验性立体裁剪探索设计元素，更容易预测面料在成品服装上所呈现的效果，以及面料和其他设计元素的搭配效果，比如碎褶、塔克、刀褶、省道、垂褶及瀑布褶等。这种预测技能将对设计开发有很大帮助。你会发现，某些面料的效果会比其他面料更好，例如，某种面料和宽刀褶搭配时比和碎褶搭配更为出彩。

记住：不需要使用非常规的面料来打造原创服装。有时候，非常规的搭配应用，如在羊毛面料上添加碎褶，或者在雪纺面料添加宽刀褶，都可能产生新颖的效果。或者，创新地运用传统布料，如洗涤双面横棱缎，在皮革上添加刀褶，或者将布料的"反面"作为正面，能使面料看起来焕然一新。

通过立体裁剪测试设计元素

选择好你想要试验的面料后，对面料进行如下处理：

- 碎褶：在人台上使用松紧带，使面料处于松紧带下方，调整面料，让松紧带在面料上形成碎褶。尝试在经纱、纬纱和斜纱方向上添加碎褶（参见第40页）。
- 省道：折叠布料，用珠针固定省道边缘，珠针垂直于折线，达到最平整的效果。尝试肩省、腋下省和法式省。
- 塔克和刀褶：试验小尺寸（1.3厘米）的塔克，然后试验较大（2.5厘米）的塔克，再尝试5厘米的刀褶，看看哪种效果最好。
- 阴褶：将一段面料的两边向面料中点折叠。

分析结果：研究面料在人台上的垂感，拍摄照片供之后参考。有灵感时随手绘制草图，即便只是喜欢某一面料上具体尺寸的刀褶。注意那些符合你系列产品的主题或视觉效果的打褶方式。

碎褶测试：金色亮丝亚麻布

- 这款亚麻布考虑应用于"插花"或"地球遗产"系列，经过了塔克、刀褶和碎褶试验，最后发现最适合碎褶处理。
- 当面料按照经纱方向悬垂时，碎褶处形成了小尺寸但整齐的褶皱，凸显了面料的闪光效果，提升了面料的精致感。

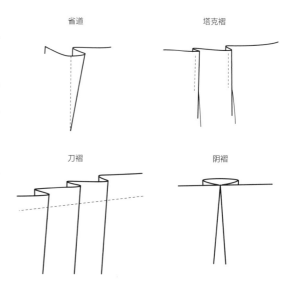

省道从内侧缝合，呈现出几乎隐形的效果。塔克尺寸小，常用来调整服装的合身度，通常倾斜一定角度。刀褶是以任意宽度、任意方向进行的重复折叠，可以压褶，也可以不压，有时可形成"阴褶"。

刀褶测试和正反面测试：灰色意大利羊毛面料

- 这款轻质的意大利羊毛面料混有金色亮丝，进行了宽刀褶处理。
- 我们能发现，比起小尺寸刀褶，这样宽的刀褶看起来效果更好，因为这种刀褶给予了面料放松的空间，形成优雅的褶皱。
- 需要决定哪一面作为面料的正面。注意两种布边边缘的差异，以及两种布边呈现的不同灰色色度。

金色亮丝亚麻布。

灰色意大利羊毛面料。

海军蓝仿羊羔绒粗花呢。

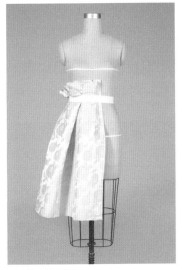

粉色提花棉布。

粉色提花棉布，裙身下添加了裙撑。

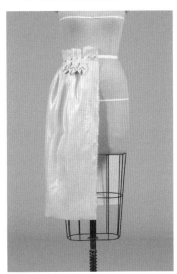

黄色涂层棉布。

省道测试：海军蓝仿羊羔绒粗花呢

- 这款蓝黑色羊毛粗花呢与垂直的省道能够协调搭配。这种打褶法使得我们能从远处看到相对完整的棋盘格图案。
- 在尝试法式省或肩省时，垂直线和水平线会无法对齐，从而形成一个表面不平整的省道。

阴褶：粉色提花棉布

- 这款厚重的粉色大马士革花纹棉布向内折叠，形成了一个阴褶。由于既重又厚，因此这款布料需要进行大尺寸刀褶处理。
- 宽大的松紧带有助于在调整过程中固定刀褶区域的面料。

- 这种面料适合应用于"插花"系列。
- 此处添加了一片裙撑到"半裙"处，以衡量面料张开的最大程度。
- 接下来，将腰线处的阴褶以时髦的方式往外倾斜，使其呈喇叭状展开。

塔克测试：黄色涂层棉布

- 这是黄色涂层棉布，经处理后形成一系列小阴褶。刀褶的尺寸比例适合面料的重量。
- 于腰围线处测试一种小型折纸装饰，观察这种面料如何应用于"插花"系列。

打造垂褶、瀑布褶和荷叶边

　　垂褶的立体裁剪流行于20世纪30年代，但其起源至少可以追溯到古希腊古罗马时代的托加长袍和丘尼克上衣。垂褶就是调整直边（通常按照斜纱悬垂），在中线处使额外的面料向下悬垂。瀑布褶是一个圆形裁剪衣片，通常竖直下垂。荷叶边是一个直边或圆形的衣片，通常缝在裙子的边缘。

　　这款真丝绉缎面料首先在肩部用珠针固定，然后在右臀部固定，让多余面料在中线处悬垂形成"垂褶"。

真丝绉缎。

"半锁"式垂褶的立体裁剪

第一步

- 面料沿对角线折叠，使折叠后的面料上部，即沿斜纱方向的折叠边处于肩部，横跨人台。
- 在肩部使用珠针固定，使面料能在前胸区域平整铺开。

第二步

- 松开左肩的珠针，调整更多的面料向中心汇集，让面料向下悬垂。
- 在右肩重复同样的操作。
- 继续调整面料，使右侧和左侧的面料平均分布，直至达到想要的垂褶深度。
- 如果要增加服装体量，向上折一个5厘米的塔克，并在肩部使用珠针固定。

第三步

- 抓住右肩或左肩的塔克褶面料。

第四步

- 将面料向外翻转，形成"半锁"式垂褶。

瀑布褶和荷叶边的立体裁剪

测试瀑布褶时，将面料裁剪成以下造型。

使用不同方法实验性裁剪瀑布褶和圆形荷叶边。曲线越紧，荷叶边向外展开的程度越大。简单的圆形裁剪（图B）能够形成不同的尺寸和不同的展开程度。

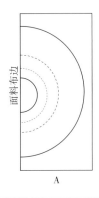

A   B

在图中，我们比较真丝绉缎和轻质双面横棱缎。注意这两种采用相同样板裁剪出来的瀑布褶的细微差别。人台的右侧是真丝绉缎，左侧是双面横棱缎。

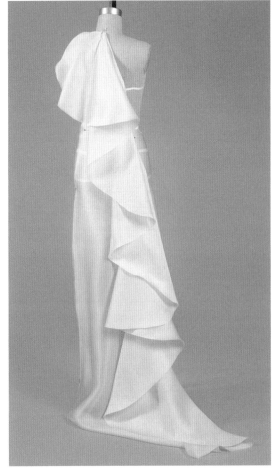

白色塔夫绸上的大尺寸瀑布褶按人台对角线方向悬垂。

佩斯利印花真丝网眼布上的圆形荷叶边经小折边处理，使得荷叶边略微向外突出。

练习4：
制作测试

若制作细节的风格不同——则无论是以轻柔还是强硬的制作手法完成都能极大地改变设计样式。通过测试针法、接缝处理以及支撑元素，观察面料产生的效果，也有助于预测最终的成品效果。

回顾"高级定制的十大要点"，深入理解成功的服装制作方法如何提升服装的品质（第21页）。

控制面料手感和表面质地

面料的触感，或者说"手感"，带给人感官和情感体验。添加里衬或进行粘合、层压、洗涤，都能产生有趣的效果，有时甚至是出乎意料的效果。

粘合

粘合衬布有助于维持面料的完整性和表面质地，并在腰带或肩膀等受压点处提供支撑。对比这两种领口立裁的视觉效果。注意，经粘合处理的真丝的面料领口边缘更加平整挺括。

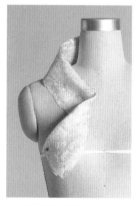

真丝提花面料。　　　　　　经粘合处理的真丝提花面料。

里衬

里衬可以延长面料的使用寿命，并增强其完整性。这种额外的支撑衬布能避免面料在压力点遭到损坏，还能隐藏制作细节。最常用于里衬的是轻质平纹棉布、亚麻和欧根纱，这几种面料在为主面料提供支撑的同时，不会改变立体裁剪作品的款式。如果需要，里衬还可以改变面料的手感，如这种目前非常厚重但柔软的蓝色中国织锦，配上一块厚重法兰绒，手感便发生了变化。那片锈色织锦，背面是浆过的蝉翼纱，产生了轻盈、明快的效果。

洗涤测试

所有面料都应进行洗涤测试。注意，图中经过洗涤后的真丝变得更柔软，显得更慵懒。面料经过洗涤和染色都会产生不同的效果，有时会使面料变得与众不同或者产生更好的效果。

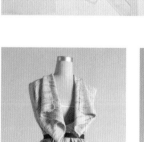

对比右图中展示的两种下摆处理方式。注意不同的缝制技巧是如何产生了截然不同的外观。

这件查米尤斯绉缎的裙身上有真丝网眼瀑布褶，以折线针法缝制。

这些红色真丝雪纺褶裥采用细丝进行了小折边处理，因此这些褶裥十分突出，形成了所谓的"生菜叶"造型下摆。

缝制方法测试

测试不同类型的缝制方式至关重要，有助于达到想要的款式，找到面料性能的极限。这些测试大致包括：拼接、明线、接缝处理、下摆处理、扣合件、弹性抽褶或特殊缝制。无论采用轻或重的制作手法，制作风格都影响着设计所呈现的情绪。注意右图中各种创意接缝和边缘处理方式。

接缝和下摆处理

图中这款欧根纱由于是透明的，因此采用了法式接缝。小折边的比例与法式接缝相协调，呈现出和谐、生动的效果。

添加支撑元素

运用支撑元素进行立体裁剪，能使你观察到各种廓型或设计款式的需求。除了粘合衬和不可粘合的衬布以及多种里衬之外，还有很多支撑元素有助于实现设计目标。以下是其中的一部分：

• 垫肩（第99页）。

• 棉絮（填料）或多层衬垫。

• 裙撑，薄纱或衬裙。

• 马毛（第73页）。

• 撑条。

• 制帽钢丝。

挑战在于如何将每种元素与面料正确搭配。你可能需要测试很多裙撑和马毛织带，才能达到正确的喇叭裙斜度，或者经过很多次测试，才能知道晚礼服基础胸衣需要多少撑条。

练习5：
特殊效果和装饰

回顾用于某一系列产品的面料时，评估面料是否能通过特殊效果、特殊处理方式或装饰而得到提升。这些元素有时可以加强一款服装所表达的情感，就像正确选择颜色可以改变服装的情绪一样。

 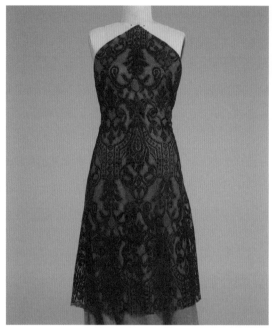

面料叠加

尝试着对色彩的使用进行创新，比如叠加面料能够使设计作品产生特别的效果。通过将两种或更多的面料叠在一起，打造自己的复合面料，可以产生非常有趣的搭配和色调效果。

- 这款深橙色和奶油色的丝绸薄纱面料叠加在黄水晶色的面料（右侧）和粉色的里衬（左侧）上，产生了一种轻盈而立体的效果。每侧的颜色不同，但色调是相似的。
- 20世纪50年代，这种面料广泛用于制作花园派对连衣裙，因此给人稍微正式的感觉。所产生的效果让人联想到阳光透过树叶或花瓣洒下来的花园场景。
- 这种面料与色彩的搭配非常适合"插花"系列色系。

- 将艳丽的绿松石蓝真丝面料叠放在大胆的黑色蕾丝之下，由于色彩搭配的对比度高，产生强烈的视觉冲击力。两种色彩的强度对比与蕾丝图案的大胆相得益彰，在蕾丝之下闪耀着真丝的光泽，产生引人入胜的效果。
- 这种效果让人想起彩色玻璃花窗或"黑暗光芒"灵感板中锡耶纳大教堂的内饰，那里，精巧的铁门遮掩着背后的画作。作品的整体情绪略显神秘，赋予服装性感的氛围。
- 服装外观符合"黑暗光芒"系列的色系，浓郁的宝石色调搭配灯光点缀。

处理与装饰

将一段主面料进行编织、扭转或撕布处理，增加额外的装饰，或进行接缝和边缘处理。通过添加饰边、羽毛、珠饰、金属现成物（found objects）等进行装饰实验。恰当的处理方式，或者合适的装饰，能够赋予服装设计以情感力量，作为设计重点，突出想要表达的内容。

- 用于装饰，或者为增加接缝或者边缝而进行处理方式的实验（即使用服装设计的实际面料），可将面料进行编织、扭转或撕布处理。
- 进行装饰的实验，在面料上添加装饰元素，如羽毛、珠饰、金属现成物等。

面料适合这种额外添加的元素吗？面料的重量是否足以支撑这个元素？这个元素应该位于服装的哪个位置？

这件裙子的面料是人造棉绉纱，是非常基础的造型。领口的处理是由一块主面料形成斜绳制成了花茎，主面料也制成了偏心半圆形的花朵。领口本身已经呈一种独特的心形轮廓，这种处理方式更是突出了领口这一焦点。

这件小步舞者的喜剧服装出现在一个梦境场景中，轻薄、透气、如梦如幻（见第200页）。这里的装饰点缀了甜美与精致的基调。裙身采用了雪纺面料，首先缝制一条斜纹向的"管"状，然后将雪纺紧紧聚集形成碎褶，产生"蓬松"效果。花瓣饰边是由小片的织锦制成的迷你蝴蝶结。

此处的腰围线处理方式符合"插花"灵感板的风格，采用一片主体面料以折纸风格进行扭转，并缝制形成复杂、精致的花朵。

"纳帕谷雨中杏花"案例产生了一种具体的视觉形象，这种装饰有助于表现轻盈感；花瓣造型柔软，形状奇特，水晶象征着雨滴。为花瓣的造型测试了各种面料。面料裁剪成不同的大小和形状，然后用热风枪做边缘处理/熔化，使边缘恰当地卷曲，并添加羽毛以表现出浮动感。

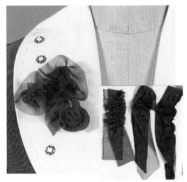

翻领部分需要一个装饰（见第172页的整体服装立裁）。在这张图中，珠饰、雪纺和欧根纱形成的组合被扭转成了玫瑰的形状来进行实验。

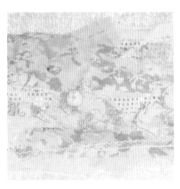

这张图中，一组"插花"系列面料上缝了一块蕾丝，然后用薄纱覆盖并采用明线缝制来进行实验，并用碎布打造出一种"新的面料"。

案例：

根据灵感板进行实验性立体裁剪

一旦为一个系列产品选定了面料，试着把其中一些面料放在一起进行立裁，探索不同面料组合的效果。这些面料最终就可能会在一件衣服上都得到应用，或者只是用于同一系列的其他产品上。尝试添加饰边或装饰，观察是否能突出主题。

受"插花"灵感板右上角J.T. 伯克（J.T. Burke）艺术作品的启发，这件立裁作品表现出欢乐和生机，黄色面料挺括平整，表达出一种积极的活泼感。复古的珠饰带来闪光效果，如同花园里的露珠。

上图：J.T. 伯克的艺术作品《美丽面具Ⅱ》（*Beautiful Mask Ⅱ*），来自"重焕美丽"系列。这款真丝罗缎的立体裁剪设计受此启发。

对实验性立体裁剪作品进行拍摄，有助于集中注意力，可以为之后的研究提供设计素材，也有助于向其他人传达设计理念的方法：

• 绘制并拍摄立裁作品的不同区域以及整体的立裁效果。

• 放上配饰并拍照，观察以不同方式进行搭配时，面料的情绪和色调会如何变化。

• 描述情绪和色调的变化。

• 将以上研究放到灵感板上。随着这一系列产品的开发，这些研究记录着工作的进程。

上图：这款"插花"系列立体裁剪作品的灵感来自一张花朵凋谢的图片，这是杰拉德·沃尔什（Gerard Walsh）2019年的一幅湿版摄影作品，名为《虎百合》（右图）。

这件立裁作品的灵感来自"插花"灵感板的另一部分。衣身部分采用第35页所示的挺括绗缝丝织物。通过将粉红色锦缎沿下摆形成碎褶，使裙身形成泡泡形，将第43页上的裙撑放入泡泡形裙身下。若要在成品服装中保持这种形状，裙身下会添加一层里衬。

启发这件立裁作品的灵感来自一张花朵凋谢的图片，位于灵感板的中下部。

花朵的美丽一部分在于其凋谢的样子，花瓣如真丝或羽毛一般落下，色彩变得更柔和。在这里，一片灰褐灰、灰色混色的优质真丝薄纱覆盖在锦缎棉布上，呈现出一种柔和、沉稳的外观。干玫瑰的装饰成为了色彩重点，同时也为"无常"主题提供了情感重点。

"黑暗光芒"主题以层次多和色彩丰富奠定了深沉的色调。所产生的情绪既神秘又优雅，正如右上角附图中左下角的那个人物一样优雅。

这件立裁作品包含了"黑暗光芒"系列的三种珠宝色调的面料。正如腰部以上斜向的刀褶所示，这些面料的重量各不相同。腰部的碎褶对应"宇宙大爆炸"。上衣的渔网对应着彩色玻璃花窗，装饰带给服装深度，亮片对应天空中闪烁的光芒。设计师可以通过研究这一件服装的立体裁剪开发出许多服装设计。

什么是情绪与色调

情绪与色调指的是通过面料选择、颜色和质地，以及设计的裁剪、制作风格、人体工学所产生的心绪和情感的状态。

色调就像音调一样，包含音色，音高和音强。色调是光谱中的某一点，可以从轻盈空灵变为深褐色色调，再变为深沉饱满的色调。举个具体的例子：她的演讲是充满激情的，还是居高临下的，或亲切的？

情绪就是色调带给你的感觉，这是一种从你的内心营造的情感氛围。在立体裁剪中，可以通过所选择的造型、轮廓和比例来引起一种情绪。例如，一个自然悬垂的束腰长袖长袍是不是会让你感觉舒展和放松？一件边缘锋利、贴身的连衣裙是不是会让你感觉有力量和进攻性？服装上那些烦琐的制作细节是不是会让你感觉受到约束？

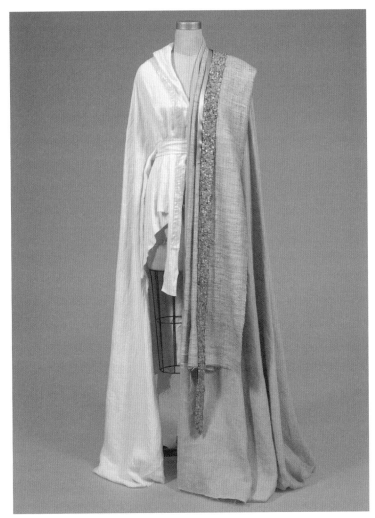

"地球遗产"主题融入了大自然的色彩、大地的色调、天空的蔚蓝，以及动物皮毛、绳索、木材的质地。

"地球遗产"面料向我传达了这样的信息："脚踩大地，头顶苍穹"。人台的左侧是大地色调的天然真丝和麻丝，垂感厚重。这种面料会让人感到安稳，因此穿起来很舒适。其饰边采用了厚重的古铜色亮片，加强了这种安稳感。

人台右侧的色调产生了不同的情绪。天蓝色的亚麻面料质感轻盈透气，所以更适合于开口大的服装，如开领女士衬衫。下摆沿斜向悬垂产生飘动的效果，增强了优雅抒情的感觉。金色的饰边产生了不易察觉的光泽感，但突出了这件立裁作品的情感基调。

第二章
即兴立体裁剪

目标

运用直觉

培养自我意识

收集并准备好立体裁剪的工具和材料

学习评估指南，运用系统的方法对作品进行自我评估。

练习1："地球遗产"系列研究

以某一主题为灵感，运用坯布进行一系列上衣的即兴立体裁剪。

练习2："插花"系列研究

解读灵感的氛围和色调，遵循好设计的原则来即兴立体裁剪。

练习3："黑暗光芒"系列研究

观察参考服装的特点，以其特点作为指导进行即兴立体裁剪。

练习4：改造研究

即兴立体裁剪时，通过改造现有的服装，设计出全新的款式。

案例：即兴立体裁剪

实施即兴立体裁剪的全过程，呈现灵感的形式和情感基调。

※ 受面料启发的自由立体裁剪。

即兴立体裁剪是一种仅用双手、凭直觉进行设计开发的技巧，涉及在人台上试验想法和灵感，进行裁剪、用珠针固定坯布，没有可供参照的设计。这种方法可以用来开发新设计，完善正在进行的设计理念的某一具体部分，或对一件现有的服装进行重新设计或改造。即兴立裁的目标是开发出具有原创性和创新性的作品。即兴立裁能够开拓想象力，提升专业立裁技能。

应用即兴立裁这一技巧时，应使用坯布而不是最终设计面料。排除色彩和质地产生的情感因素，能更容易专注于研究服装轮廓和造型。

正如一位艺术家在绘制最终的艺术作品之前，会先画出可能出现在大幅画作一角的人物，我们也可以采用坯布这一中介进行研究，专注于某单一元素的立体裁剪，如袖子或衣领。

即兴立裁这种技巧能够探索复杂制作细节、不寻常的接缝，并能将难以在纸上描绘出来的想法进行三维呈现。

虽然即兴立裁技巧是一种自由立裁风格，但最好事先确定灵感并做好研究，有助于将设计意图和目标内化于心。要获得最好效果，关键是要做好准备工作。

这件瑞克·欧文斯（Rick Owens）设计的针织棉衫，是即兴立裁的成果。

爵士音乐家经常即兴创作，作家也是如此——如迪伦·托马斯（Dylan Thomas）或者詹姆斯·乔伊斯（James Joyce）的意识流风格作品，喜剧演员也做"即兴"表演。但在每次即兴之前，都是做好了准备的，使创造力能够自由地流动。

设计师瑞克·欧文斯的复杂设计看起来似乎是轻松完成、即兴创作的。然而，在即兴设计前，他就已经做好了基础工作。他具有强烈的、独特的设计风格和明确的审美观，这些都指导着他的创意过程。

即兴设计研究的小贴士

- 回顾灵感板，找出研究方向和对象的线索。
- 确定想要探索的服装区域：一款独特的袖子，或者针对某种衣领的特殊立裁，或者你想要探究的一个细节。
- 整理出感兴趣的某一历史时期的服装。
- 找到一个能够反映你情绪的文化背景，或者在这种文化背景下拥有一些你想用自己的方式诠释的廓型或细节。
- 收集带有启发性设计元素的服装作为参考。
- 探究其他设计师如何呈现一种具体的外观或理念。

运用直觉

　　跟随直观意味着接触潜意识，发现你所爱的，追随你的激情。为即兴立体裁剪的直觉过程做准备，需要内化灵感，这样在工作时就能时刻想起这个灵感或抽象理念（或者同时想起多个灵感和理念）。

　　根据草图进行立体裁剪可能让人感觉较传统。即兴立体裁剪的结果是开放的、没有预设的，所以可以自由地去想象，探索出新的路径。决定了服装造型、廓型和样式后，眼前会自然地浮现出画面。追随你所喜欢的，让你感觉舒服的形式。然后，服装所呈现出来的轮廓和造型会自然地呼应你选择要呈现的态度或理念。

　　根据从灵感板所产生的想法确定出一个主题，这一主题也可以是采用一种独特面料进行实验性立体裁剪时开发而来的。因为选择和立裁过程是非常个性化的，往往直接引导着你取得一个独特的、非常具有原创性的结果，这也始终是我们的最终目标。即兴立体裁剪帮助培养和发展具有个人特色的、标志性的风格。

了解自我

你是经典风格还是"浪漫风格"？

　　了解自我是研究的其中一方面。从地理或经济上来讲——我们通常知道自己所处的位置。但是，如何才能知道我们创作的作品反映了自己的，而不是别人的感情呢？作为一名艺术家，增加对自我的了解并不容易。确定自己的风格是一个费时的过程。

　　非常概括地来讲，了解自我要知道你自己是倾向于经典风格还是浪漫风格？这两种分类适用于所有学科。

　　浪漫风格和经典风格在了解如何打造服装方面起到一定的作用。浪漫风格可以理解为关注和相信灵感和直觉的力量，而经典风格的设计师在美学上更克制、更实际，更倾向于传统样式。你是喜欢打破规矩，还是说，比起丰富多彩的创意，你更看重样式和结构？在打造设计作品时，对这二者的平衡是决定你个人风格的重要因素。我们既需要逻辑，也需要直觉；我们既需要使用说明书，也需要诗歌。作为一名设计师，了解自己在平衡二者时所处的位置是有帮助的。

侯赛因·卡拉扬（Hussein Chalayan）打造的作品《美狄亚》（*Medea*），是依据直觉完成的立体裁剪作品，呈现浪漫风格。面料呈束状从服装上自由下落，捕捉并释放了能量。

立体裁剪准备

推荐使用坯布进行即兴立裁。坯布是空白画布，不受颜色和质地的干扰。运用坯布立裁是设计的重要开端，可以把坯布立裁看作是一种冥想的过程，在塑造廓型、设计各种造型、实施各种裁剪时能让直觉显现出来。

白木、原生棉布、粗帆布是等待上色的面料。作品正在创造的过程中，处于起点和目的地之间。这些空白布料是种纯粹的物体或状态，充满了可能性。无色的状态是珍贵而转瞬即逝的，那时颜色还未确定，尚未固定。色彩存在于脑海之中。我们期待、想象、搭配、预测效果。纯粹的潜能散发着光芒。

流行趋势预测家李·艾德尔科特（Li Edelkoort），《色彩视图》，2020 年 2 月。

准备工作　灵感来源

• 研究灵感板，获取想法，采用你十分想要应用的面料，进行实验性裁剪。

研究

• 研究是准备工作的一个重点，其目标是整合数据和印象，来打造一些新的设计。

面料

• 回顾你的实验性立体裁剪作品和照片。
• 专注于分析适用于你当前设计的面料样本。
• 注意哪些设计元素（如省道或碎褶）与这些面料能很好搭配。
• 如果你已经选择了一种特定的面料，可以一边看着这种面料，一边进行立裁，有助于预测最终效果。

坯布准备

• 首先，确定要使用哪种坯布，将所选择的坯布与最终设计面料的触感和视觉特点进行比较，然后选择与最终面料手感最接近的一种。
• 估算需要使用的坯布量，然后撕布、矫正、熨烫，恰当标记纱向线。

平面草图

• 在即兴立裁中，草图不是必需的。不过，制作一个纱向线示意草图（见下图），反映出你想要表现的感觉，或者绘制一个比较粗糙的草图，可能会有所帮助。

准备人台

• 应用需要用到的支撑元素（如垫肩、填充手臂、裙撑褶裥等）。
• 除了标记胸围线、腰围线和臀围线，还可以用斜纹带标记有助于确定参数的区域。

用于"插花"系列立体裁剪的粉红色锦缎面料（第51页）被裁剪成花瓣形状，添加里衬增加厚度，并作为灵感放在附近。

通过使用纸样塑造成品裙子（第75页）的最终造型来准备人台。在对裙身进行即兴立体裁剪时，纸样将起到支撑作用。

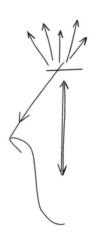

用于实验性立体裁剪的纱向线示意草图

评估指南

第一印象

1.视角

（1）与立裁作品保持一定的距离，并从各个角度进行观察。

（2）可以使用一面镜子，以便从不同的角度以及不同的距离观察立裁作品的造型和廓型。

（3）如果有条件的话，让真人模特试穿，观察立裁作品的动态效果，以及其人体工学设计是否符合预期。

2.总览

（1）你想表达的是什么？

（2）立裁作品是否具有情感重点传达设计理念？

3.回顾最初的灵感板或情绪板的视觉效果

（1）立裁作品是否符合灵感板的情绪？

（2）想象一个灵感缪斯，它是否仍能够融入你想象的场景。

4.面料

（1）采用的面料是促进还是阻碍设计理念的表达？

（2）还有其他更好的面料？

5.装饰和饰边

（1）装饰和饰边是否能够融入到设计作品中？

（2）是否增强了设计作品的情感力量或表达？

细节分析

1.优秀设计

（1）设计在视觉上是否具有活力、和谐与趣味？这个设计是否引人注目？

（2）回顾"优秀设计的十大原则"（第17页）有助于评估单个元素。

（3）如果设计作品有历史或文化上的参考，这些参考是否足够多，能让设计变得明确；是否足够独特，能够让作品变得新颖和现代化？

2.人体工学特点

（1）评估立裁作品的合身度和宽松度。

（2）立裁作品是否舒适且得体？

（3）立裁作品的合身风格是否符合预期？

3.平衡和稳定性

（1）不同的纱向线是如何协同发挥作用的？

（2）接缝和省道的角度应保持平衡（对称或不对称）并且有目的性。

4.制作特点

（1）回顾"高级定制的十大要点"（第21页）。

  i.立裁作品是否尽可能地展现了卓越的工艺？

  ii.立裁作品能否能够实际转化为一个有效的样板？

（2）立裁作品对于穿着者而言是否有意义？扣合件应该位于哪个位置？

（3）回顾三"S"：表面完整度（Surface Integrity），支撑结构（Support Structure），和稳定性（Stability）。

（4）细节检查：

  i.从上到下，观察领口、袖窿，以及所有可能需要修改的区域。

  ii.找到你喜欢的立裁部分，调整你不喜欢的地方。

（5）用红色的画粉或铅笔标记需修改的地方。

练习1：

"地球遗产"系列研究

接下来一系列即兴立体裁剪的灵感来源于我的"地球遗产"灵感板。按照以下我的操作步骤，根据自己的审美，修改和调整衣身，或选择灵感板主题中的一个，做一组以这一主题为灵感的衣身立裁。

衣身变化

准备工作

灵感来源

- 第62页立体裁剪的灵感来源于我"插花"灵感板上的折纸部分，也来源于右图"蝴蝶"立裁作品中的一些元素。

面料

- 衣身将使用生丝面料，叶子部分将使用塔夫绸和真丝双宫绸面料。

坯布准备

- 这些衣身的立体裁剪组合使用了厚重斜纹坯布和平纹细布。
- 撕布、矫正并熨烫坯布片，制作标准的衣身原型。

进行即兴立体裁剪

- 始终以灵感为基础；思考灵感缪斯的故事，并将预想的最终设计面料放在一旁。
- 选择纱向线的方向。
- 根据需要对坯布进行立体裁剪，用珠针固定。
- 检查体量和廓型，并进行最后调整。
- 添加装饰或处理方法。

为什么要用坯布进行立体裁剪？

- 坯布是用于立体裁剪和作为试穿样衣的行业标准。
- 坯布具有稳定而明显的纱向线，且不易变形或拉伸。
- 在立体裁剪时，坯布能维持造型不变。
- 坯布既轻便又容易处理。
- 坯布在人台上易于打褶、折叠和裁剪。
- 坯布具有轻盈但挺括的手感，使设计师能清楚地看到各个衣片的搭配以及平衡的情况。
- 坯布易于获取，价格相对便宜。
- 坯布表面光滑，便于进行标记并拓印到样板上。
- 最重要的是，坯布是无色的，打造了一种中性背景，有助于观察塑造的廓型，是进行创意设计的空白画布。

立体裁剪步骤

运用负空间。

运用对比面料。

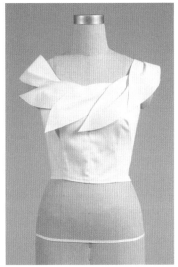

添加重复样式。

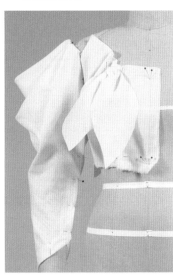

为衣身添加袖子。

这两件衣身经手工裁剪处理，若采用激光裁剪，可以制作出整洁的树叶边缘，那这两件衣身将呈现更好的效果。

运用负空间

- 立裁出一件标准的衣身，添加省道使衣身合体。
- 裁剪出与灵感相关的造型。图中，在衣身上裁剪出了树叶的形状，然后将裁剪出的面料扭转，在衣身表面形成一个三维立体的处理方式。

运用对比面料

- 采用一种对比面料进行衣身的立体裁剪。此处，使用的是深棕色面料。
- 在对比面料制成的衣身上立裁出坯布衣身。以大自然为灵感（此处是以树枝为灵感），用画粉在坯布上勾勒线条，并在线条处进行缝合。
- 在坯布上沿着线条进行裁剪，以示面料间的对比。

添加重复样式

- 采用法式省和腰省，立裁出坯布衣身。
- 保持领口宽大，呈船形，使袖子位于肩部两侧，使用树叶形状的坯布隐藏领口边缘。
- 用另一片坯布裁剪出树叶形状，使之围绕领口。

为衣身添加袖子

- 立裁出一件衣身，添加省道，使领口宽、肩缝窄。
- 在坯布下边缘添加腰省收紧下摆。
- 沿领口裁剪坯布，裁剪出一个扣眼样式的开口，然后插入第一片树叶并打结固定。
- 立裁垂褶袖（按照第44页的垂褶立裁步骤）。
- 添加向上的塔克，用珠针固定，给袖子增加体量，然后立裁腋下的袖子，并用珠针将袖子固定到衣身上。
- 沿领口添加更多树叶并打结，完成女士衬衫的立裁，然后调整各个部位的比例，直到达到满意的效果。

练习2：
"插花"系列研究

以下即兴立体裁剪的灵感来自我的"插花"灵感板。由于参考了日本文化及其插花艺术和折纸艺术，我会遵循这些艺术所呈现的结构、秩序感和精细感。通过解读这些文化和艺术，我将增强其野性和自由感，尤其在装饰上。设计你自己的服装版本，可以根据面料评估过程中记录的信息。例如，如果宽刀褶在给定的面料上效果很好，那么在立裁时就可以使用相似的宽刀褶；如果你喜欢某一种面料上的垂褶，那就尝试模仿这种垂褶的样式。

折纸风格衣身

准备工作
灵感来源
- 这件衣身的灵感来自"插花"灵感板中的折纸部分。

研究
- 练习折纸，为立体裁剪做好准备。这件立裁作品受到精细而美丽的日本折纸艺术的启发。

面料
- 塔夫绸给人挺括之感，就像纸一样，但同时又像花瓣一般柔软细腻。珠光面料则让人联想到花梗，或晶莹闪亮的露珠。

坯布准备
- 标记纱向线，包括坯布上的斜向纱线。

人台准备
- 接上填充的手臂。

天蓝色金色亮丝欧根纱是这款"插花"系列"蝴蝶"立裁的灵感来源。

运用历史或文化上的参考

- 首先，明白这个参考物上吸引你的元素是什么，找到其三维表现形式。例如，若这个参考是一件维多利亚时代的服装，那么吸引你的是其背部的裙撑、泡泡袖还是细节的精巧？
- 明确如何以自己的方式和风格诠释这些元素，同时仍保留这些元素表达的感觉。
- 评估最终的立裁作品时，确认这件作品是否以一种有意义的方式将过去与现在联系了起来。

立裁步骤

请注意，尽管按照以下立裁步骤能产生与我的立裁作品相似的效果，但是最好试着打造出一件自己的立裁版本。跟随你的直觉，创作一件让你满意的作品。

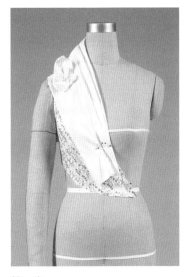

第一步

- 用不同面料做实验性立体裁剪，以激发灵感。
- 此项立裁练习需要一片做基础上衣的面料，一个对比色的衣领，以及制作装饰面料。

第二步

- 测试面料，看哪种纱向线最适合做领口的塔克。测试后，确定最佳的纱向线方向，是使面料按照斜纱方向于公主线区域悬垂。
- 向前中线制作塔克褶。
- 在袖窿处切割面料，使面料包裹侧面。

第三步

- 利用后领口处的多余面料制作一个装饰。
- 在这张图中，将面料折叠成了折纸类装饰，形成一簇花瓣似的形状。

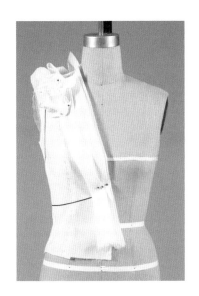

第四步

- 将上臂部以下的布料修剪掉，让面料向侧缝抚平，使其平整。
- 裁剪出袖窿。
- 通过制作腰省或者公主线接缝使衣身合体。
- 用标记带标记袖窿和高腰款式线。调整装饰，使其与立裁作品的其他部分保持平衡。

"插花"连衣裙

准备工作

灵感来源

- 这是盖伊·布鲁姆（Guy Blume）创作的草月流花道风格插花，由天堂、大地和人类三种元素构成。
- 向上延伸的绿色枝条代表着天堂，中间繁杂的白色和橙色花卉部分代表人类，最下面那一部分花卉代表大地，它们向外盛开并支撑着以上两个元素。

研究

- 日本的插花艺术是一种心灵修行，人们将其视为一个学科，具有强烈的美感。
- 欣赏这种风格的其他插花作品，让自己熟悉其艺术理念。

面料

- 粉色锦缎面料（第58页）与宽阴褶的搭配效果很好，宽阴褶有助于形成花瓣形状。在立体裁剪过程中，将最终设计面料放在附近，有助于预测最终效果。

坯布准备

- 估计树叶形状的大小，准备几张树叶形状的衣片制作裙子部分。标记经向纱线。
- 为衣身准备坯布。标记纱向线。
- 可以大致估计这些尺寸和纱向线位置，因为这是即兴立体裁剪，并没有规定要达到某一具体效果。

![] 立裁步骤

即兴立体裁剪要求跟随你的直觉，因此可以根据你自身对这款插花的诠释来进行立裁。

第一步

- 确定衣身的纱向线悬垂方向。在这张图中，从左侧公主线点到肩部放置强韧的经纱。
- 在腰部制作塔克使坯布更稳定。
- 肩部面料经过处理，使其尽可能地高，能够象征"天堂"这一元素。

第二步

- 立裁出几片花瓣状布料制作裙身，在每片布料的中间制作阴褶，使其看起来像真的百合花瓣。
- 将花瓣布料在腰部缠绕一圈，注意使下摆的长度保持平衡。

第三步

- 对三种元素做最后的调整，在腰部做进一个装饰，完成外观设计，立裁完成。

评估

分析这件立裁作品与该插花作品的关联。找出天、地、人这三种元素，分析它们之间的平衡关系。

练习3：
"黑暗光芒"系列研究

　　这一部分即兴立体裁剪练习的灵感来源于我的"黑暗光芒"灵感板，尽管这个练习对面料的依赖度很高，但仍会采用坯布进行立裁，我试图找到能够反映这个灵感板情绪的造型。接下来，从你自己的灵感出发，或者从这种情绪所体现的精神出发，打造自己的立裁版本。

"黑暗光芒"系列的立体裁剪

准备工作

灵感来源

• "黑暗光芒"灵感板上来自美国航空航天局（NASA）的星空图。

面料

• 厚重的双面塔夫绸可塑性强且能够维持形状，能让人联想到暗色天空中起伏波动的情绪。

平面草图

• 绘制设计开发草图。

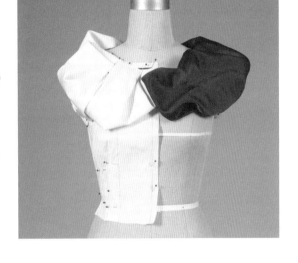

坯布准备

• 裁剪衣片制作衣身和衣领，标记出纱向线。

立裁步骤

第一步

• 立裁衣身，制作你认为合适的省道。
• 使领口宽大，形成船领，但是在肩部需要留出足够宽的面料来支撑衣领。

第二步

• 研究午夜蓝真丝面料的外观，并大致将其放到人台的左肩，使你始终能观察到其面料特点。
• 根据直觉进行立裁，围绕领口制作塔克并进行扭转。

第三步

• 回顾灵感板上的星空图，将星空的感觉注入最终的立裁作品，完成领口的立裁。固定布面料。

评估

• 参见"评估指南"（第59页）。

评估你的即兴立裁作品

• 拍摄一些照片来研究并进行对比。
• 做些笔记。
• 由此立裁作品激发出其他想法并绘制出来。
• 回顾第59页的"评估指南"。

"星空"立体裁剪

准备工作

灵感来源

• "黑暗光芒"灵感板上NASA的那张星空图启发我立裁出一些波浪状、向外扩展的造型。

研究

• 研究星系的形成和毁灭，发现空间曲率的线条并据此绘制一些轮廓。

面料

• 暗色的、有图案的或者有光泽的雪纺。

坯布准备

• 预测你的最终设计面料的体量，准备相同尺寸的坯布。标记出经纱、纬纱和斜纱，这样你能够观察到坯布按照不同纱向悬垂时的立裁效果。

这款金属亮丝雪纺令人联想到夜空中繁星闪烁的画面。

立裁步骤

这款立裁作品是应用即兴立裁技巧的一个范例。研究面料以及灵感，并立裁出能够反映你个人审美的作品。将这个过程视为一种冥想过程。不要分心，专注于作品的立裁上，使自己沉浸其中。做这个练习，让直觉主导你的立体裁剪过程。

第一步

• 立裁衣身，按照经纱方向进行立裁。在这张图中，好像坯布要沿着领口形成展开的褶皱。

第二步

• 在衣身上制作省道或塔克。这种欧根纱轻薄又挺括，但是难以控制，因为这种面料既光滑又有弹性。因此，若获得了你想要的造型，需使用珠针将面料固定。

• 专注于呈现星团扩张的感觉。

评估

• 参见"评估指南"（第59页）。

• 回顾"高级定制的十大要点"（第21页）。

四层绉纱的魅力

准备工作

灵感来源

• 这款参考服装是斯蒂芬·罗兰（Stephane Rolland）的设计作品，采用四层绉纱，符合"黑暗光芒"系列呈现的情绪，在华丽与性感之间达到完美的平衡，前者令人感觉时髦、俏皮，甚至有点幽默，后者则给人激烈和严肃的感觉。

研究

• 研究历史和现代的设计作品，学习四层绉纱的应用。四层绉纱是一种奢华的真丝面料，由于制作复杂，难以运用得当。

▮ 立裁步骤

回顾这款参考服装上吸引你的点，让想象力自由驰骋。在开始立裁前，让自己沉浸在灵感的情绪中，放松思绪。

音乐和灵感缪斯

每个人唤起直觉或潜意识的方式不同。不过，让大脑放松下来就是一个好的开始。

> 我一边听音乐一边画画；这样能够激发我的灵感，让我沉浸于正在创作的角色韵律中。
>
> 2018年，为太阳马戏团（Cirque du Soleil）设计戏剧服装的多米尼克·蕾蜜儿丝（Dominique Lemieux）接受作者采访时所说。

如果你试图传达的东西很难用语言表达，灵感缪斯可能有助于激发你的想象力。为灵感缪斯创作故事：他们是谁，他们要去哪，他们的情绪如何，他们的感觉如何。想想他们会占据多少空间，无论是物理上，能量上，还是情感上，为什么他们会做出某一特定的服装选择。

> 找到裙子的故事和身穿这条裙子的女人的故事，思考你想让她产生何种感受。这是有关感官、梦境和创造的。
>
> 这是2017年作者采访巴斯蒂德·蕾伊（Bastide Rey）的内容。蕾伊是立裁师，曾任亚历山大·麦昆（Alexander McQueen）、迪奥（Dior）和浪凡（Lanvin）的工作室主管，目前为阿尔伯·艾尔巴茨（Alber Elbaz）工作。

一件"黑暗光芒"系列参考服装：巴黎时装周斯蒂芬·罗兰2019秋冬高级定制时装秀。

练习4：

改造研究

重新利用一件无法使用的衣服是一项非常有意义的事情，因为有太多的服装被丢弃，进入垃圾填埋场。接下来，一件经典的日本和服经过即兴立体裁剪，被改造成了一件现代连衣裙。采用和服来做这个练习，或者使用你想要改造的服装，按照一般的步骤进行改造。

在人台上仔细研究服装原始设计，找出你喜欢的并想要保留的元素，如饱满的袖子、领口的饰边等。然后即兴重构这件服装，尝试不同的比例和廓型。

复古和服改造

准备工作

灵感来源

• 这是一件真正的复古和服，制于20世纪末、21世纪初的日本。

研究

• 研究经典和服的制作。
• 绘制原版服装的"平面草图"，有助于你了解这件服装的结构。
• 研究这件和服，思考如何对其进行改造。和服的袖子和肩部是需要重点思考的地方，因为这部分的体量较大，使得手臂移动不便。本书的想法是去掉袖子，将这部分面料用在裙身处增加宽度，并做成腰带，将和服制成连衣裙。

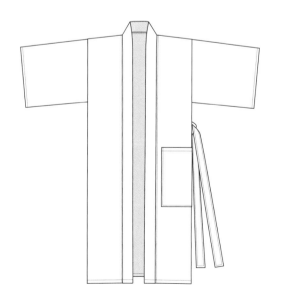

将袖子去掉、对和服进行立裁后，为新的设计绘制平面草图。设计的方向一旦确定下来，规划好服装的制作细节会很有帮助，尤其是在面料短缺的情况下。在这个练习中，原和服的所有面料我都利用了起来，甚至将领圈的尾部制成了口袋。

 立裁步骤

第一步
- 去掉袖子。
- 剪开侧缝线和肩部缝线直到领口，不裁剪领圈（经典和服一般没有肩缝，如果是这样，那么找到前片下摆和后片下摆之间的中点，在此处裁剪肩缝）。

第二步
- 在肩部制作塔克，使布料的边缘处于肩点上。
- 从侧腰处水平地剪开布料，到大概公主线接缝的位置。
- 用珠针固定上衣（衣身）侧缝，使前片覆盖后片，为衣身或胸部最少留5厘米的松量。
- 在衣身的下边缘进行贴身裁剪，形成相当贴身的效果。

第三步
- 将袖子与剪开的边缝缝制到一起。在这张图中，袖子与和服的前片缝到了一起。
- 将袖子的另一边缝到和服的后片上。

第四步
- 将各个布边缝合起来。

第五步
- 用和服原本的腰带制成连衣裙的裙腰。
- 在腰部从前公主线到后公主线将腰带固定，将剩余的布料制成裙腰的系带。
- 对设计作品进行最后的调整。
- 标记并修正立裁作品。

第六步

- 平铺前片样板。注意用画粉标出的接缝余量，以及后片肩省、前片肩部塔克、腰部塔克剪口的画粉标记处。

第七步

- 平铺后片样板。如前片一样，注意方形袖窿和毛缝线的画粉标记。
- 裙身侧片比前片和后片短，但是这一制作问题可以通过在侧片添加一片图案匹配的"挂面"，并进行缝边处理后就能得以解决。
- 将连衣裙缝合，并在人台或模特上评估这一立裁作品。

第八步

- 完成前片：用多余布料制成口袋，缝至左手处。沿前中线在领圈上缝上纽扣。
- 完成后片：从前公主线至后公主线将腰带缝到衣身上，剩余部分则制成裙腰的系带。

评估

- 参见"评估指南"（第59页）。

案例：
即兴立体裁剪

宇宙诞生裙

　　这条半身裙的灵感来自我的"黑暗光芒"灵感板上的宇宙大爆炸图片，其立裁一定是即兴的，以呼应星爆的不对称感。按照以下步骤，立裁出一条类似的半身裙，或者根据自己的审美对其进行改造，还可以选择自己灵感板中的一个主题，根据本章的立裁指南完成一次即兴立体裁剪。

准备工作
灵感来源

- 宇宙大爆炸示意图的形状就是我想要的裙身形状，它有种宇宙的广袤感，造型美丽而引人注目，就像一个膨胀到无限大的钟。

面料

- 我选择的是午夜蓝真丝双面缎，灵感来自第39页的实验性立体裁剪。在右图中，正在展示面料正反两面的差异和不同纱向线的悬垂效果。

研究

- 制作省道、添加装饰样品，探索各种光影质感。寻找不同尺寸和形状的水晶来表现夜空。

平面草图或粗略草图

- 由于即兴立体裁剪时会对裙身进行最终的制作，所以不需要绘制平面草图。不过，为"黑暗光芒"灵感板绘制的粗略草图却是一个很好的开始。

右图：在坯布上制作省道、添加水晶来进行实验。

坯布准备：

- 在一卷坯布上沿长边绘制斜线，间隔约38厘米。

人台准备

- 对于这条半裙将采取即兴立体裁剪，但是会尽量呈现灵感图片中的钟形廓型。由于面料在立裁时难以控制，因此先使用支撑元素使半裙形成想要的形状，然后进行立裁。立裁一个复杂造型时，纸是坯布的替代品，由于纸能形成挺括造型，能轻易地对其进行裁剪和粘贴，并且纸既便宜又容易获取，因此能够用来测试半身裙的造型，或者打造大型的瀑布褶（第45页），而且不会造成坯布浪费。作为预备步骤，先立裁出育克，以便能够固定住裙身。

立裁步骤

注意：尽管按照以下立裁步骤能产生与我的立裁作品相似的效果，但不要局限于此，你可以创作出自己的立裁版本。跟随直觉可以做一些改变，立裁出满意的作品。

第一步

- 检查面料的纱向线，确保斜向纱线沿前中线竖直下垂。
- 从上边缘开始，尝试制作省道，在育克上用珠针固定面料。

第二步

- 使侧面的面料向外呈喇叭状展开，确定后片下摆的体量。
- 打造半身裙的钟形需要在下摆增加体量，但是这只能在制作一些省道后才能确定。
- 将后片固定到育克后片，开始后片的立体裁剪。

第三步

- 按照纸钟的形状，对半身裙前片进行立体裁剪并制作省道。
- 确定省道间距：顶部间距较小，越靠近下摆间距越宽。

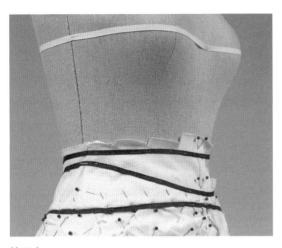

第四步

- 注意根据灵感图片的形状确定裙腰的造型。
- 思考如何将面料的银色一面（反面）融入育克的接缝上，如将其做成接缝的滚边。

第五步

- 继续向下摆制作省道，把省道做得更长，间距更宽。
- 完成连衣裙的省道处理，并翻起下摆。
- 检查腰部育克的曲线，确定扣合的区域。

第六步

- 由于我们对连衣裙的造型有具体的要求，因此需要控制下摆。使用马毛织带能够打造更加美丽、造型均衡的底摆线。
- 连衣裙呈钟形，因此马毛织带上边缘需要比下边缘更短。
- 将马毛织带用珠针固定在底摆上，使有"绳"的那边朝上。
- 找到织带边（看箭头），并轻轻拉动，直至织带贴合裙身的形状。
- 这个过程既精细又耗时，但必须完成。

标记和修正立裁裁剪

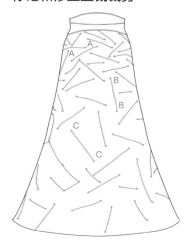

第一步

- 按照上面的清单，标记立裁作品。在移除珠针前，必须非常仔细地标记省道。一定要标记用珠针固定的省道的两条省边以及上下省尖。由于省道太多，因此需要一个编码系统。在这张图中，我使用了字母系统，省道一端的"A"对应该省道另一端的"A"，以此类推。
- 按照"修正基础"（见右侧方框）中的步骤修正立裁。
- 在裁剪前，由于可能会同时裁剪面料和支撑面料，因此需确保已经提前选定了支撑面料。这条裙身的支撑面料选择的是轻盈的黑色机织棉布。

立体裁剪标记清单

- 使用铅笔或者画粉以虚线形式在立裁作品上做标记。笔触要轻，之后进行仔细检查，将这些线条融合。
- 在接缝的两侧标记珠针固定的边缘。
- 在款式线标记带的外侧做标记。
- 在每一处接缝做一个十字标记。
- 标记下摆线。将立裁作品从人台上拿下来更容易标记。

修正基础

"修正"意味着将立裁作品制成样板，这个样板能够用来裁剪试穿坯布。

（1）取下所有珠针，根据需要轻轻熨烫褶裥。注意，过于用力地熨烫可能会使面料缩水，或者形成不想要的褶皱。

（2）抚平并融合标记的虚线，使用打板尺融合直线，使用长曲线尺或小曲线尺融合曲线。

（3）将十字标记作为导向标，检查接缝使之相互对齐。

（4）利用立裁作品上的十字标记，建立起一个最终修正过的剪口系统，以便在缝合时将各个衣片匹配起来。注意并非所有的十字标记都需要用于打剪口。

（5）添加放缝份量。

注意，有时会有一些标记线在你融合虚线时发生偏离。根据个人的打版经验，要么将这些标记线去除，要么重新固定坯布，并在人台上重新标记，来确定这些标记是否展现了你想要的立裁细节。

第二步

- 将里衬沿对角线粗缝在一块主面料上。由于在缝合时，省道的制作必须同时运用这两层面料，因此针脚必须排列成行，距离较近。

第三步

- 省道标记方法有多种：
  使用锥子，在面料上打孔。
  使用复写纸和滚轮，标记省道的端点和线条。
  采用打线丁的方法（这里用到的就是这个方法）。
- 必须仔细地缝制省道，向端点逐渐收窄。

第四步

- 裙腰需要承受相当大的重量，因此使用粘合衬和轻质衬垫作为里衬将裙腰加厚。
- 滚边由面料的反面制成，育克内边进行了斜纱裁剪的包边处理，育克位于连衣裙的里衬之上，使裙身的内里看起来更美丽。

第五步

- 在用水晶装饰裙身之前，检查最终的造型。

- 省道是否缝合得很好，表面是否平整（此图展示的是用珠针修正过的省道）。

- 同样检查育克的接缝。整条半身裙应在各个方面达到完美的平衡。如果对于半身裙的合身度有定制的要求，则需要调整接缝以适应不同的臀围。即使是非常小的调整也可能让裙子达到完美的平衡。

- 检查下摆的效果：马毛织带是否在下摆提供了刚好的支撑？如果马毛织带过于硬挺，裙身移动起来会不自然？而我们想要裙身看起来柔软又自然，并且能够维持服装廓型。

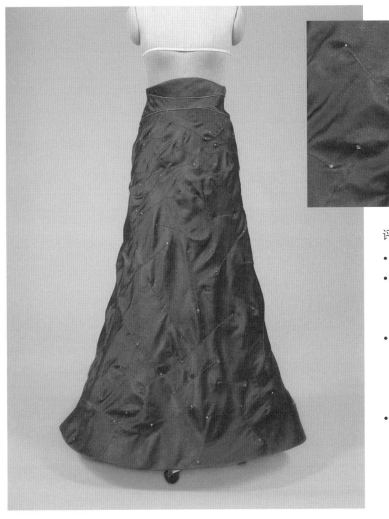

评估

- 参见"评估指南"（第59页）。

- 将半身裙和宇宙大爆炸示意图相比较，半身裙是否和这一参考图或灵感图相类似？

- 这款面料的效果很好，能够维持廓型，给人既奢华又有深度的感觉，同我们预想的一样，能激发想象力。

- 水晶的装饰可以更显眼，要么使用更大的水晶，要么装饰更多的水晶。

第三章
从原型到立裁的方法

目标

认识能够转化为原型的设计模板。

找到能够用来确定比例、体量和细节尺寸的参考服装。

练习1：**根据参考服装立裁一件原型**

应用基本的立体裁剪方法打造一件现有服装的原型。

练习2：**从原型到立裁：衣身原型**

将一件现有的原型调整为一件新的衣身原型设计。

练习3：**从原型到立裁：裤子原型**

采用现有的原型和一件参考服装设计一款高腰合体的裤子。

练习4：**从原型到立裁：两片袖原型**

比较经典的两片袖和带角度的马术风格袖子的袖窿和袖子曲线的差异。

案例：**从原型到立裁：定制夹克**

采用从原型到立裁的方法结合一件参考服装，设计一件经典定制夹克，应用高级裁剪技术打造精细定制的合身度。

※一款定制的夹克原型是立裁一件新夹克的良好开端。

从原型到立裁的方法，即运用本身具有款式的样板原型作为起点，进行原创设计。原型和其纱向线会在立体裁剪前拓印到坯布上，为造型、体量和合身度提供基本指导。参考服装的尺寸能够用来确定具体的比例。

"原型"是服装行业的术语，指经过测试并具有良好的平衡感和合身度的基础主样板。一旦找到一件可靠的原型，这件原型就可作为推板新款式的基础。在立体裁剪和打板时，采用原型有助于节约时间，因为原型能够帮助设计师预测到服装大概的样式和合身度。例如，设计师要设计新款的两片袖，从一款已经测试过的两片袖原型开始会很有帮助，然后对这个原型进行扩大、缩小，或者改变其造型，同时保留能够维持正确合身度的元素。

时装公司会开发适合其客户尺寸的原型。一个面向年轻人的品牌，其衣身原型的尺寸和比例，会不同于面向成熟买家的品牌。用于专业场景中的原型会经过多次试穿，不仅是为了找到最合适的合身度，也是为了服装能够正确体现品牌的态度。原型和参考服装是设计师打造设计作品的起点。如果原型既基础又通用的话是最好的，这样一来，新的设计才能表现其独特性，而非沿用过去的设计或流行趋势。

即使可以有多个设计师使用同一模版，但对模板解读的细微差别会使最终的设计成果体现每位设计师独特的个性，有助于设计师确定个人的独特审美。

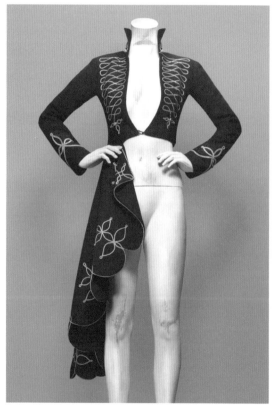

亚历山大·麦昆（Alexander McQueen）1996年秋冬系列的Dante夹克。麦昆在伦敦的萨维尔街接受专业裁缝训练，其所制作的服装始终具有卓越的合身度和风格，这种效果若不采用原型是难以实现的。

认识原型的模板

模板是指造型和合身度足够标准，能够用作原型的设计，原型可用来开发新的设计。经典的廓型，基本的、熟悉的服装类型，能够制作出良好的原型，因为人们会为熟悉的事物所吸引，这种熟悉感能够带来一种正面的偏见。

由于飞行员夹克既舒适又实用，因此在其诞生的几十年里，新式飞行员夹克不断涌现。从那时起，历史上先后出现了机车夹克、经典牛仔夹克、棒球夹克，以及如今少女穿的缎面棒球服。根据一件有辨识度的模板制作样板原型，款式新颖的同时，自然地给人一种舒适的感觉。模板很好地转化为原型的其他案例包括：香奈儿提洛尔三开身夹克、20世纪60年代的紧身连衣裙、经典马术夹克、风衣、完美裁剪的裤子以及经典泳装。

将个人风格融入到模板上

记住，如果在设计时你参考的是一件经典服装，比如这件飞行员夹克，那么你需要将自己的风格表现在设计中。对模板的创新阐释能够展现设计师的个人风格。

上图：这件飞行员夹克包含一些经典元素：短款上衣、宽厚的肩型、宽大的领子以及给人以安全感的前口袋。

左图和下图：这件哈雷戴维森（Harley-Davidson）夹克由飞行员夹克演变而来。

使用参考服装

使用参考服装是使用样板原型的一个配套方法。设计师通常会收集一些喜欢的经典单品，在需要参考时，就能够测量比如裙身的裙摆尺寸或者裤子裤口的宽度等，来确定他们想要的比例。

样板原型拓印到坯布上以后，立体裁剪开始之前，可以在坯布上标记来自参考服装的相关尺寸，获取关于体量和比例的参数。有时，领口或袖口的某一具体比例能够精确地表现参考服装的样式和给人的感觉。

例如，要设计一款能够表现出马术正式的服装和合身度的夹克，可以根据一件马术夹克打造原型，使用作为参考的马术夹克来确定细节的尺寸，并采取从原型到立裁的方法打造新的设计。这些方法有助于呈现马术夹克的款式细节和精髓。然后设计师便可以决定如何将其转化为新的、原创的设计。

研究参考服装能够提高对于服装合身度细节的认识。理解为何一个袖窿显得穿着者那么好看，或者为何一条裤子能够如此合身，能够训练设计师识别出他们想要应用的造型和比例。

根据参考服装进行测量尺寸也能节省时间。经验丰富的设计师都清楚，对于衬衫的前片，2.5厘米的门襟和3厘米的门襟差别都很大，若在确定尺寸比例时，有一件衬衫供参考是很有帮助的。

将喜欢的服装收藏起来，以便使用它们的尺寸作为参考。使用经典服装的原型或者熟悉的参考服装的比例，不仅能够呈现想要表达的态度，还有助于产出设计师能够依赖的具体结果。

立体裁剪和打版方法

在发现一款符合优秀模板或原型要求的服装后，确定哪种制作样板原型的方法最有效：是打版还是立体裁剪？也许一件服装的某些部分很容易拓印，或者能够通过数学计算进行打版，如袖口、衣领或衣襟。如果布料非常纤弱，无法在桌面上拉伸、用珠针固定或使用滚轮，或者这件设计作品上的元素更容易在人台上进行处理，如定向的刀褶或塔克，那么采用立体裁剪的方法则更合适。若服装制造中已经进行了松量和拉伸的处理——例如一件定制夹克——立裁的方法也适用。有时，将服装放到人台上比平铺起来更容易理解其造型。制作原型可能也会同时用到这两种方法，运用接下来描述的一些技巧，遵循以下概述的基本顺序。

（1）袖山处留出松量。
（2）以合身度和造型的目的在折线处贴标记带。
（3）在外翻领的边缘贴标记带，使领边贴合夹克的衣身。

练习1：

根据参考服装立裁一件原型

这是一件20世纪40年代的经典人造棉连衣裙，我们将其复制用作原型，因为这件服装具有属于那个年代的独特元素：宽肩、垫肩、明显的腰线。其衣身和裙身的裁剪反映了那个时代的常见廓型。

因为其面料已经褪色，有磨损的痕迹，很容易破损。而且，比起平面打版，裙身的定向塔克更容易通过立体裁剪制作出来。所以我们将对这款服装进行立体裁剪。

通过立体裁剪开发原型

- 立裁出原型。
- 标记并修正立裁作品。
- 重新固定
  重新将立裁作品固定在人台上并检查修正过的地方。
  标记并调整修改过的地方。
- 将立裁作品转化为纸样。
- 裁剪、缝合并试穿样衣，根据需要进行修改。

20世纪40年代的连衣裙

准备工作

平面草图和纱向线

- 在连衣裙上标记纱向线。
- 运用第36页测试面料拉伸性的方法确定连衣裙上纱向线的位置。
- 若用标记缝的方法，检查针和线是否足够细，则不会损坏面料。如果使用粘性标记带，需确保在移除胶带时不会损坏面料。
- 在所有衣片上标记经纱和纬纱。右上图中，标记了衣身的前中线和胸围线；裙身臀围线（由于裙身本来有前中线接缝，因此裙身的前中线是不必标记的）；衣身后片和裙身后片的纬向线（由于有接缝，因此后中线也没有必要标记）；以及袖中线和上臂最粗处的纬向线。
- 准备前片和后片的平面草图，准确记录所有的接缝位置和结构细节。

坯布准备

- 分析哪一种坯布与最终设计面料相似，确定要使用的坯布类型。
- 准备坯布示意图，有助于合理地裁剪坯布衣片。
- 撕布、矫正并熨烫坯布。
- 找到坯布上与连衣裙的标记缝相对应的纱向线并做标记。

连衣裙和人台准备

- 选择与连衣裙尺寸尽可能相近的人台。
- 根据需要对人台进行填充，获得想要的号型。
- 应用支撑元素，如垫肩、填充手臂。
- 对齐连衣裙和人台的前中线和后中线，将连衣裙套到人台上，并保持平衡。
- 平衡连衣裙的肩部缝线，使其不会向前或向后摆动，然后用珠针固定肩缝。

坯布准备

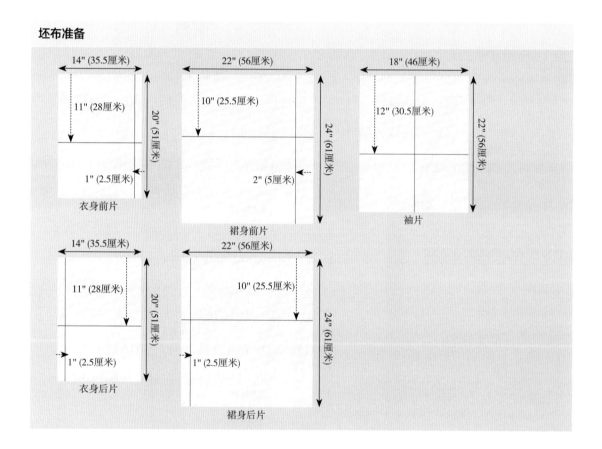

衣身前片

裙身前片

袖片

衣身后片

裙身后片

本书的坯布准备示意图

- 在坯布衣片上表现出要立裁出的款式尺寸。
- 突出纱向线标记，帮助确定坯布在人台上的位置。
- 都以经纱竖直向下、纬纱水平的方式悬垂。

⬥ 立裁步骤

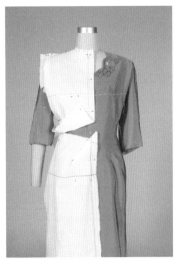

第一步

- 从前中线开始，沿着前中线的标记缝和胸围线的纬纱将坯布固定于连衣裙上。
- 在领口处打剪口并修剪。
- 测量并标记腰部塔克的位置。

第二步

- 剪掉在侧缝和袖窿处多余的坯布，使坯布能够紧贴在连衣裙面料上，并将坯布向侧边和肩部抚平。
- 根据连衣裙腰部塔克的尺寸，在坯布的腰部制作塔克。同样，根据连衣裙肩部的塔克尺寸在坯布的肩部制作塔克。
- 用珠针将坯布的肩缝固定到连衣裙上，将坯布侧边固定到连衣裙的侧缝上。
- 对衣身后片进行相同的操作，在后片领口和腰部制作省道（图中未展示）。

第三步

- 轻轻提起衣身下边缘坯布并固定住，以便开始裙身的立裁。
- 沿前中线固定裙身，使坯布上标记的经线与连衣裙上的前中线标记缝对齐。
- 沿臀围线向后固定坯布，但仅固定前面几寸，因为大的塔克会将边缝处的面料拉起来。
- 以连衣裙上的塔克尺寸为参考，折叠第一个塔克，使被折叠面料向下，并用珠针固定。

第四步

- 固定第二个和第三个塔克。
- 在坯布裙身的上边缘打剪口并修剪，使坯布在腰线处平整。
- 使用尺子测量塔克的深度、长度和间距，与连衣裙上的塔克尺寸进行对比。
- 对裙身后片进行立裁，使坯布的后中线与连衣裙的后中线对齐，并在后片的公主线处制作一个省道。

袖子立裁顺序

接下来的立裁顺序适用于许多不同款式的袖子。轮流从袖山部分立裁至手腕，再到后片，从袖窿处往下、从袖底缝线往上立裁，并在腋下点处结束。

（1）找到袖子的正确角度，使经向纱线稍微朝前片倾斜，就像手臂自然下垂的状态。

（2）在肩膀处用珠针固定袖山。

（3）确定手腕周长并固定，使纬纱平整。

（4）确定枢轴点、剪口点。

（5）从手腕到手肘处理下袖缝。

（6）修剪多余布料，优化袖山的上半部分。

（7）使下袖缝朝上，使多余布料向内翻转，在上臂完善袖子的宽度。

（8）从枢轴点到腋下点调整袖子下方的曲线。

（9）完善下袖缝，使其与袖子的腋下点相连接。

第五步

• 开始对袖子进行立裁，使坯布上标记的经向线与袖子上的经向线对齐。

• 用珠针将经向线和纬向线一起固定。

• 根据经典的袖子立裁顺序（参见上面方框中的内容），在袖山处进行修剪，增加松量，使袖子与袖窿尺寸相匹配，并再次检查袖子的长度和袖口尺寸，与连衣裙的袖子尺寸相比较。

第六步

• 重复第一步到第四步，完成连衣裙后片的立裁。

• 在袖子的后片、靠近手肘的位置制作省道。

• 在侧缝线处将前片置于后片之上并固定，向侧边抚平坯布，确使坯布在布料上平整铺开。

第七步

• 修剪裙身上边缘，留2.5厘米的缝份。

• 放下衣身衣片，使其覆于裙身之上。

• 修剪领口并打剪口，剪成方形，将领口坯布向内折，使其与连衣裙的领口形状相符。

• 检查坯布的所有尺寸，与原连衣裙做对比，完善立裁。

• 使用铅笔或者画粉在坯布上描出花朵装饰的形状。

第八步

在进行标记和修正之前，仔细检查立裁作品：

• 检查是否真的呈现了原设计的外观。

• 检查每一张衣片，确保所有的缝线都是平整的。

• 检查坯布是否平整地贴在每一片布料上。

标记和修正

仔细标记每一片坯布衣片。见第74页的"立体裁剪标记清单"和"修正基础"。

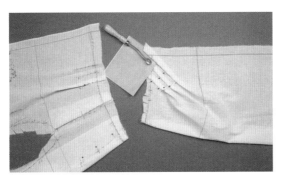

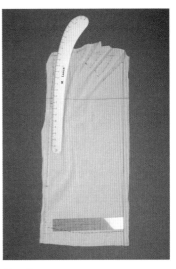

第一步

- 使用复写纸和滚轮，标记塔克的倾斜角度。
- 在去掉裙身的珠针前，检查坯布腰部缝线与连衣裙衣身的腰部缝线，并确保侧缝线、前中线、后中线的接缝之间相互对齐。

第二步

- 使用长曲线尺使侧缝线平整。注意：前片和后片的侧缝曲线在臀围线以下会重叠，但从臀围线到腰部，这两条侧缝线是不重叠的，因为大塔克会在前片倾斜一定的角度。
- 裙身前片和后片的裙摆线应该分别与前中线和后中线呈直角，并应垂直于侧缝线。

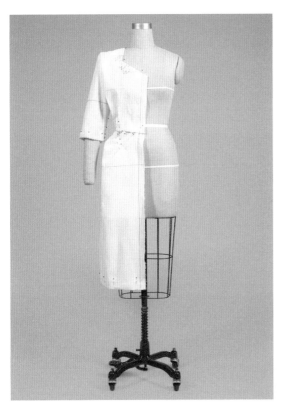

第三步

- 按照立裁的顺序，重新固定坯布连衣裙的所有缝线。使前片在后片之上，衣身在裙身之上。
- 调整坯布在人台上的位置，检查重新固定的立裁，以进行修改。
- 在所有修改过的地方使用红色铅笔或画粉进行标记。

评估

- 参见"评估指南"（第59页）。
- 视角：从远处和不同的角度检查立裁作品，确保立裁是平衡的，并且所有的接缝是精确的。
- 拍摄照片来进行研究。你会在二维的图片上发现一些通过三维视角难以注意到的问题。
- 利用你的视觉技巧，将坯布连衣裙和20世纪40年代这条人造棉连衣裙进行对比，观察二者的差异。

练习2：

从原型到立裁：衣身原型

20世纪30年代风格的"杜巴丽"女士衬衫

  本练习采用了经典衣身原型的平衡感和比例来立裁一件女士衬衫，灵感来源于20世纪30年代的服装风格。平衡好一件衣身、夹克或外套的肩缝线和侧缝线需要时间和经验。一旦成功达到想要的效果，利用好这些经过仔细校准的样板衣片就能够节省时间。接下来我们采用的这件衣身原型已经经过仔细地试穿，因此我们能相信，由它立裁出的新服装的平衡感和比例效果会很好。

准备工作

灵感来源

- 这张"杜巴丽"样板插画给人保守的感觉，但是又非常甜美，并且散发着复古的魅力，我会在服装设计中呈现这一感觉。

研究

- 在人台上测试并选择坯布、原型。将本次设计的灵感来源与一些元素进行比较，如接缝、廓型、袖窿高度等。
- 这件有腋下省和前片腰省的基础款衣身非常合适，因为其合身度良好而舒适，袖窿的高度和形状也恰到好处。

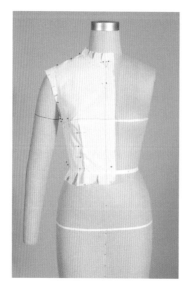

5287

平面草图

坯布准备

- 对于衣身的前片和后片：使用衣身原型前片、后片和袖子的尺寸，每张衣片周围再加放5厘米。
- 撕布、矫正并熨烫坯布，使用铅笔或者画粉标记纱向线，与样板原型的纱向线相对应。

立裁准备图表

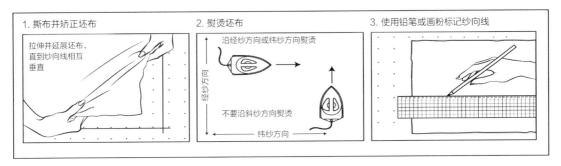

从原型到立裁的准备

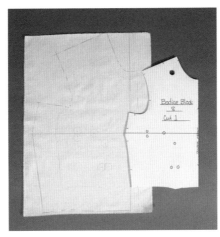

将原型拓印到坯布上，并标记重要的参考尺寸。

- 将原型放到坯布上，对齐纱向线。
- 用铅笔或者画粉轻轻拓印所有边缘。做标记时要轻，使这些标记在你立裁时不会太夺人眼球。
- 移开原型，并在所有边缘加放5~7.5厘米。

人台准备

- 将填充的手臂和小垫肩添加到人台上，有助于打造20世纪30—40年代的造型风格。

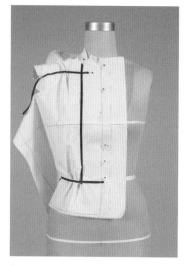

🪡 立裁步骤

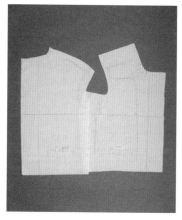

第一步

- 从衣身前片开始立裁，使坯布的前中线与人台的前中线对齐，使纬纱与人台的胸围线对齐。
- 查看草图，确定碎褶的位置。在这张图中，将腋下省和腰省移至肩部育克和腰部制作省道。
- 要使这些碎褶平衡，固定侧缝，从大约中间位置开始，使多数省道量进入袖窿，使碎褶转移至育克。
- 用标记带标记款式线：领口线、育克、前片接缝和腰围线。在这张图中，采用粘性标记带在靠近前中线处标记纵向接缝，而采用了没有粘性的斜纹带标记其他两条水平线，以便调整其下的碎褶。
- 在上衣后片重复以上步骤，制作肩省，腰部不制作腰省而形成碎褶。

第二步

- 连接肩缝。首先用珠针固定坯布上的缝线，人台的领口线处也要进行固定，在外边缘（靠近袖子的那一边），为垫肩留出额外的布料。
- 完善体量和造型，固定肩部和侧缝线，将前片覆于后片之上，使缝份量朝内折。
- 在立裁作品上添加模拟纽扣和腰带，有助于呈现这件立裁作品的精确比例。这一点很重要，因为这里有许多元素需要协调。由于纽扣与领口的确切位置有关，因此需要调整纽扣间距。

第三步

- 沿标记带标记衣身前中衣片，并标记纽扣的位置。
- 标记前侧衣片，在育克处为接缝打剪口。
- 标记育克衣片，在后片的领口处打剪口。
- 在腰带处标记腰围线，注意腰部碎褶的尺寸。
- 标记领口和袖窿的深度。
- 修正标记线和剪口。

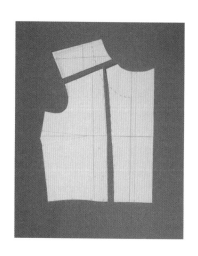

第四步

- 将坯布前片裁剪为三个部分：前中衣片，前侧衣片和育克衣片。这几个衣片目前没有缝份量。新修正的线用红色进行了标记。

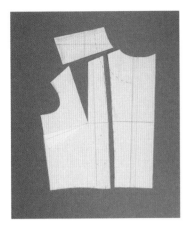

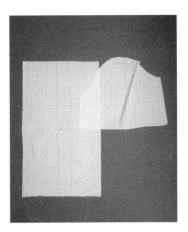

第五步

- 将腋下省转移至育克接缝。
  裁剪腋下省至最高点。
  从接缝的中心裁剪育克接缝至最高点，如图所示。
  将腋下省转至育克接缝区域。
- 确保十字标记是清晰的，以便重新连接接缝。
- 为腰部和育克的抽褶位置添加十字标记。
- 注意：如果在立裁时在腰部添加的碎褶量超过了腰部省量，那么就将一部分胸省量转移到腰部。

第六步

- 裁剪新的坯布前片，加放以下所给的缝份量：
  前中衣片：加放5厘米的缝份量，以便留出钮扣扣合的重叠部分。
  前侧衣片：在所有边缘加放2.5厘米的缝份量。
  育克衣片：在所有边缘加放5厘米的缝份量。

第七步

- 准备袖子的立裁：
  将袖子的原型拓印到坯布上，使纱向线对齐。
  估算在袖山处需要的额外布料尺寸（5-7.5厘米）。
  估算长度（以肘部为终点）。
  裁剪袖子坯布至正确的袖长，为袖口留出额外的布料（袖子使用的坯布在上图的右侧）。
- 在袖子上制作塔克，如图所示。

第八步

- 对衣身前片和后片进行立裁，沿着新标记的毛缝线用珠针固定。
- 对第七步中准备好的袖子进行立裁。
- 做最后的调整。

第九步

- 修正袖子，修剪缝份量。

评估

- 参见"评估指南"（第59页）。
- 为立裁作品拍摄照片，将其与灵感图片进行对比。根据需要进行修改。
- 将由这件立裁作品产生的想法绘制出来。

练习3:
从原型到立裁:裤子原型

高腰合身裤

　　一款基础的、合身的裤子原型对设计师来说是宝贵的财富。在本次练习中,我们选取了一个可靠的原型,以便从这一原型出发打造出新的设计。款式线和廓型上的微小变化也能使设计作品具有更流畅的线条和更前卫的风格。经过多次试穿,这个原型已经得到调整和优化,因此我们可以相信,根据这个原型打造的立体裁剪是非常合身的。

准备工作

灵感来源

• 这款温加罗天鹅绒裤所启发的灵感,符合"黑暗光芒"系列的外观和态度。

研究

• 研究相似的裤装设计和参考服装,有助于专注思考需要进行哪些改变。
• 这款温加罗天鹅绒裤将用作参考服装一,为裤子的高腰部分提供详细的尺寸。
• 此外,参考服装二(灰色条纹裤,第91页)将提供裤裆深度尺寸和款式线参考。这款裤子的裤裆深度很合适,刚好结束于腰围线处,很合身。腿部后中线处的缝线使裤子贴身。

面料/饰边

• 该裤子由"弹性织物"面料制造而成,其成分为96%的棉和4%的氨纶。可以采用标准的坯布进行立裁,因为采用弹性面料的目的并非为了合身,而是使穿着舒适、便于活动。

平面草图

• 正如参考服装二中所示,平面草图表现了腿部后中线处的缝线。

坯布准备

• 撕布、矫正并熨烫坯布。为前片准备一张衣片,为后片准备两张衣片,以制作两张衣片构成的腿部后片。标记纱向线。

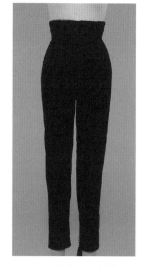

1980年左右,伊曼纽尔·温加罗(Emmanuel Ungaro)设计的黑色天鹅绒裤,这条裤子是参考服装一。

从原型到立裁的准备

• 对于裤子的前片,首先要在坯布上画出经纱和纬纱。将裤子前片样板原型和坯布上的经纱对齐,然后把原型拓印到坯布上。
• 测量参考服装一的育克高度(从裤裆到裤子顶部边缘的长度),然后在坯布上做好标记。
• 在参考服装二上,测量裤裆接缝到裤子腰部的长度,然后在坯布上做好标记。

将原型拓印到坯布上,然后标记重要的参考尺寸。

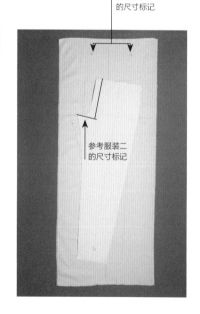

参考服装一的尺寸标记

参考服装二的尺寸标记

- 将裤子分为两部分进行立裁，一个是侧面部分，另一个是后中部分。
- 对于裤子的后片，对齐纱向线并将前片拓印到坯布上，矫正，但是在经向线旁大约10厘米至12.5厘米的地方将裤子分开。如此，这条条纹裤就能够通过这个原型拓印出来，以便使用两张后片的样板造型。
- 用复写纸和滚轮仔细地在参考裤子的各个部分进行标注。

- 在立裁之前，先在桌子上将内缝固定到一起，这样做比在人台上固定轻松得多。将前片置于后片之上进行固定，在裤裆处多留一些面料，以便调整。
- 两张裤子的后片部分在立裁过程中将裁剪开，来沿裤腿后片的长度塑型。

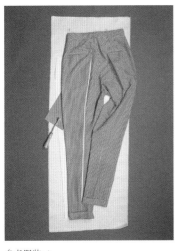
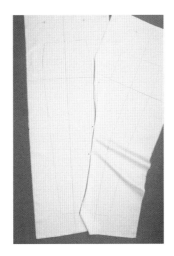

参考服装二

人台准备

  将人台的后中线贴上标记带，来引导裤子的两张后片部分的立裁。

 立裁步骤

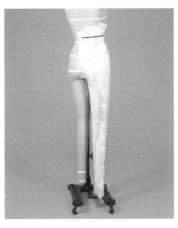
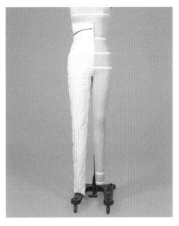

第一步
- 立裁裤子的前片，在裤裆的接缝处打剪口。
- 在公主线处固定一个省道。

第二步
- 根据坯布上的复写纸或滚轮标记，将背部两个接缝固定起来。
- 对后侧衣片制作一个省道，使腰部合身。
- 将侧缝线向外固定，检查合身情况，然后使前片覆于后片之上，使毛边向内折叠并固定。

第三步
- 在裤子的上边缘贴上标记带。使前片上的曲线形成一个微小的弧形；为使裤子更舒适、更合身，在后片略低的地方贴上标记带。
- 检查、比较坯布裤子和裤子原型的底边尺寸，将多余的坯布向内翻。

准备裤子样衣

根据"通过立体裁剪开发原型"（第81页）里的步骤。准备用于试穿的样衣，使用弹力机织面料裁剪，因为这种面料原本是裤子原型的面料，也是最终用来裁剪裤子的面料。

- 裤子经过裁剪、各个衣片经机器粗缝在一起后，会套到人台上进行修改，然后才会在真人模特上试穿。
- 裤子的前片很合身，腰围线的高度似乎也很合适，因此前片不需要修正。

试穿后发现，问题似乎只出现在后片上。后中衣片的大腿和裤裆处有多余布料，腰部的侧后方偏大。

接缝难以固定时的样板修改技巧

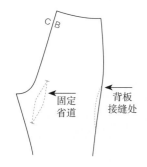

（1）在有问题的区域固定一个省道，来去掉不需要的、多余的布料。

（2）用标记缝法或画粉标记省道的省边以及省尖。

（3）取下珠针。研究去掉面料、调整样板形状的最佳位置。在上图中，将最靠近裤裆区域（A）的省道从裆缝曲线和内缝处去掉会产生很好的效果。垂直省道（B）只能在裤子后片公主线接缝处去掉。

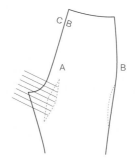

（4）首先，沿着省道，朝着样板线条改变的方向绘制一系列间隔1.5厘米线条。

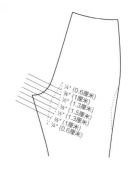

（5）测量每条线在省道中的深度。

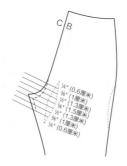

（6）将测量到的尺寸转移至样板的外边缘。

（7）使用曲线尺将这些尺寸标记连接起来，形成新的样板线。

注意：通过省道的处理而产生的多余布料会从样板的外边缘去除，不会影响裤子其余部分的合身度。

- 可以去掉多余的面料使裤子更合身。
- 一个可以去除布料的地方是，由于裤腿的中间有一条缝线，可以利用这条缝线将一些布料拉至臀部下方（见图中珠针固定的区域）。
- 另外一个可以去除布料的地方是裤裆区域，因此图中已经固定一个小的对角线省道。
- 除了裤腿的合身度外，在腰部的省道处也会移除多余的面料，在腰背形成略微紧身的效果。

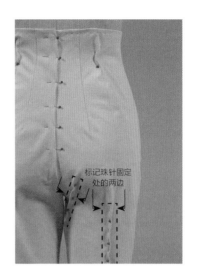

上图是经过修改和完善的裤子样衣，使用的是最终设计面料。

评估

- 参见"评估指南"（第59页）。
- 记得退后一点，360度全方位视角观察裤子的立裁，从远处评估其视觉效果。总体印象：这条裤子呈现了提供灵感的那条裤子的情绪吗？这种面料是否表现了"黑暗光芒"系列时尚和现代的色调？裤子是否有足够的弹力？

练习4：
从原型到立裁：两片袖原型

马术夹克

　　骑马时，手臂会向前伸展，所以立裁马术夹克必须要考虑到这一点。我们会使用一款经典的两片袖原型，并把袖子的角度向前调整，以达到马术夹克的合身度。当对一件已经很合身并具有很好平衡感的样板进行微小的改动时，从原型到立裁的方法非常有用。

　　袖子和袖窿配合处的曲线十分复杂，很难做到尽善尽美。

准备
灵感

- 对袖子和袖窿的形状和高度进行历时的研究，进一步认识夹克这一部分的重要性。

坯布准备

- 准备两片坯布，作为上袖和下袖，在每一边加放7.5厘米，以便运用从原型到立裁的方法。
- 撕布、矫正并熨烫坯布，标记纱向线，与原型上的纱向线相对应。

平面草图

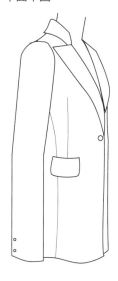
经典两片袖的夹克，侧视图。

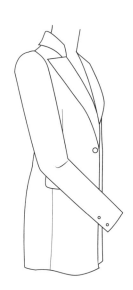
两片袖的马术夹克，侧视图。

从原型到立裁的准备

- 使原型和坯布上的纱向线相互对齐，将袖子样板原型的两张袖片拓印到坯布上。
- 对坯布四周进行裁剪，在周围留出一些面料（参见下袖部分）。

人台准备

- 添加垫肩和填充手臂。

下图：将原型拓印到坯布上，标记重要的参考尺寸。

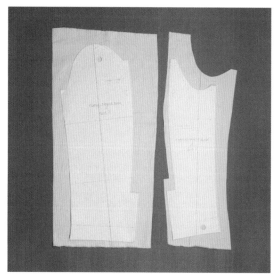

第一步

- 将两片袖子固定到一起，使缝处朝外。
- 使袖子贴合填充手臂，在袖山处用珠针大致固定。
- 研究袖子和袖窿的形状。
- 注意，此图中的袖子是向下垂的，只是轻微向前倾斜。我们的目标是使袖子向前倾斜一定的角度，而非只是向前倾斜一点点。或许还可以在保持袖子造型以及袖窿的形状和尺寸不变的情况下，减小体量，使袖子更修长。

第二步

- 试着将手臂向前或向外移动。
- 为了方便做这些动作，观察后片所需的额外布料。
- 保持手臂向外向前倾，在袖山处进行固定。
- 以袖山区域到腋下为顺序，根据需要为后片和腋下添加面料，并测试在添加布料后，袖子能够向前移动多少。
- 调整袖子本身的造型，根据需要减少松量。手肘处的内袖缝线不需要太多面料，手肘后则需要较多面料。

第三步

- 观察立裁完成后的袖子，并将其与经典夹克上的袖子进行比较。
- 标记并修正袖子。
- 参考"通过立体裁剪开发原型"（第81页）中的步骤，制作新的袖子原型。

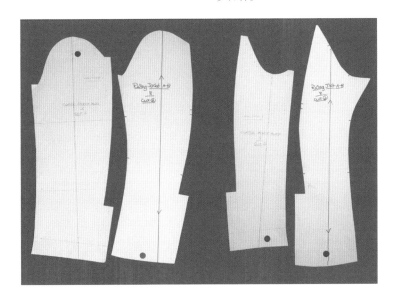

　　左边的两张样板衣片来自经典夹克；右边的两张衣片来自"马术夹克"。注意观察马术夹克上臂的夸张曲线。而经典夹克的袖子虽然也有曲线，但是这些曲线更直。注意下袖的内侧曲线。这里要再次说明，马术夹克的曲线明显得多。

案例:
从原型到立裁:定制夹克

亚历山大·麦昆定制夹克

定制夹克对于服装设计的学生而言,就如同解剖学研究对于美术学生而言,是必修的课程。制作一款合身夹克有太多的知识要学习。亚历山大·麦昆是裁剪大师,他设计的夹克完美地将经典版型与创新设计融为一体。

我们采用从原型到立裁的方法,为这件夹克制作试穿坯布样衣。在研究了各个可用原型的大致造型、接缝、合身度以及袖窿的类型后,我们选择了一个原型作为这个立裁案例的起点。

一个经典的三片式定制夹克原型会提供:

- 已经经过平衡调整的三张衣片,这些衣片的许多接缝可用来调整造型,使其与亚历山大·麦昆的这款夹克相符。
- 腰部已经具有一定合身度/造型的样板。
- 位置适当且平衡的肩缝。
- 比例良好的两片袖。

注意:打造这一服装造型需要高级的裁剪技术。

准备工作

研究

- 研究夹克的廓型,对比肩部高度、腰部造型和翻领造型。特别注意20世纪80—90年代末的夸张肩部造型。
- 找到参考服装,用来研究并提供尺寸参考。

亚历山大·麦昆,玩偶夹克,1997年秋冬系列。

平面草图

一款参考夹克（1980年前后，由Charles Gallay售卖的羊毛定制夹克），有助于确定肩高和肩宽。

这是我们选择的样板原型，使用坯布进行裁剪和粗缝。

在折线贴标记带，作为引导。

- 选择好原型后，使用坯布进行裁剪和缝制。
- 将样板原型的坯布经机器粗缝后放到人台上，仔细研究机器粗缝后的坯布比例。
- 坯布上有所需要的基本衣身接缝。
- 此款夹克肩部没有亚历山大·麦昆那款突出，但是具有相似的力量感。
- 重要的是，袖窿的高度是正确的。袖子和袖窿的复杂曲线非常难以完善，因此一开始就使用这个原型具有很大优势。
- 可以从这件坯布原型上获取尺寸数据，来确定立裁时的一些参数。

  测量肩膀角度：持一把尺子向外垂直于领口线，然后测量肩膀的顶部边缘到尺子的距离，来估计垫高肩膀的高度。

  测量肩宽：在肩膀的顶部测量袖子接缝之间的距离。

  测量翻领宽度：测量折线到外边缘最远点的距离。

- 根据图片或平面草图的比例，标记以下部分：

  折线

  左右两侧的外翻领形状

  衣领剪口

  右侧的衣领折点

  下摆线

- 固定腰部，在实际裁剪夹克之前，只做微小的合身度调整。
- 如上图，在前片右侧注意胸部的珠针，这些珠针表示折线上必须贴标记才能形成造型。
- 有了这件经过裁剪和缝制的样板原型坯布，能让你在夹克上进行任意标记。也可以选择在实际的夹克上运用标记缝来进行标记，但首先要确保针和线不会损坏面料。

  在制作这款夹克时，参考"高级定制的十大要点"（第21页），了解如何使夹克具有最好的品质。在翻领前片加放松量这一步骤会显著提高夹克前片的合身度。

- 在左前片上，珠针也表示在折线上贴标记带，但是由于此处的折线是内凹曲线，因此有必要单独裁剪翻领衣片。

坯布准备

- 准备制作这款夹克的坯布时，需要非常小心仔细。合身度需要非常精确，线条也要非常细致。参见"立裁准备图表"（第87页）。
- 测量每片原型尺寸来准备坯布衣片，然后在四周加放至少7.5厘米，以便立裁新造型。
- 标记纱向线，与原型上的纱向线相对应。

从原型到立裁的准备

- 将坯布和原型上标记的纱向线对齐，将原型的边缘拓印到坯布上（如左下图所示）。
- 使用滚轮和复写纸拓印所有的内部线条，包括省道和折线。
- 在开始立裁前，将从原型和参考夹克上获得的"研究"信息转移到这些坯布衣片上。

- 首先，从红色夹克上获取尺寸，将以下尺寸标记在坯布上：肩高、肩宽（即两个袖子接缝之间的距离）以及翻领宽度。
- 接下来，将坯布样衣上标记的纱向线和样板上的纱向线对齐，然后仔细将以下部分标记出来：折线、外翻领形状、衣领剪口以及右侧的衣领折点。使用滚轮拓印出内部标记，使用铅笔或画粉标记外边缘。
- 注意：这些尺寸都只作为参考。一旦将衣片放到人台上进行立裁，就必须利用自己对平衡和廓型的好眼力来把握比例，而不是严格遵照这些尺寸。
- 对后片重复以上操作（如下图右侧所示）。

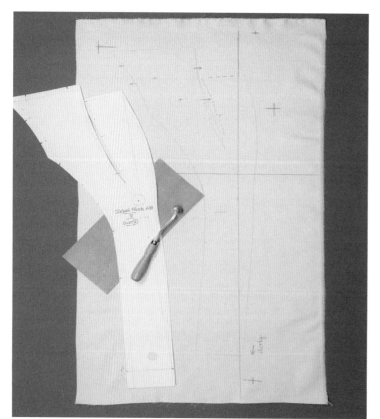

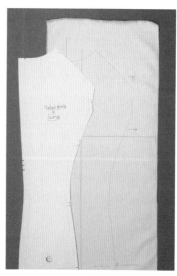

将原型拓印到坯布上，标记重要的参考尺寸。左图是前中衣片部分，右图是后中衣片部分。

人台准备

- 添加填充手臂，在左右两侧添加垫肩（因为这款夹克是不对称的），将翻领轮廓线贴上胶带。
- 注意：在立裁前，通常并不建议过多地将款式线贴上标记带，但是这款翻领的折线十分精细，所以必须先复制出来，提前将曲线确定好会很有帮助。
- 最后，将亚历山大·麦昆的夹克图片放在立裁时能够看到的地方，有助于正确调整夹克廓型的复杂角度和曲线。

- 放上垫肩，预估成品服装的肩膀高度，减去最终面料的厚度，以及帆布里衬的厚度。
- 这里用了两个衬垫以达到正确的高度。
- 可能需要通过对衬垫进行叠加来定制衬垫。

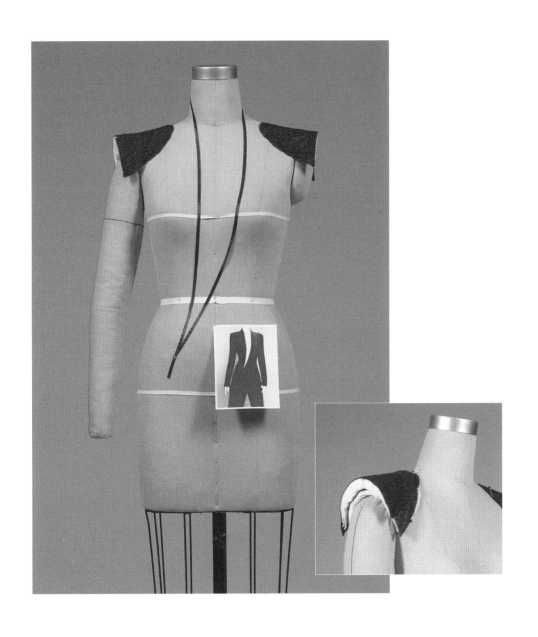

♦ 立裁步骤

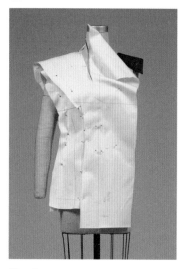

第一步

- 从前片部分开始立裁，将坯布上前中线处的纱向线对齐人台上的前中线，并向上抚平坯布。
- 放上前侧片，通过对齐剪口找到正确的位置。

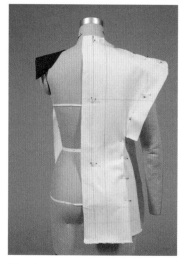

第二步

- 放上后片，通过对齐剪口将后片和前侧片固定起来。
- 将肩缝向内翻转。

第三步

- 裁剪坯布，制作领口省道。这个省道有助于制作折线处的曲线。

第四步

- 使用珠针固定领口省道，完善右侧翻领的外边缘。
- 立裁翻领的同时，考虑到在翻领上采用羽状线迹有助于塑造翻领造型，使曲线内凹（见上图的夹克前片，海毛帆布通过羽状线迹缝在翻领上）。

- 有时，立裁师会在立裁时模拟这种羽状线迹，试验可能产生的效果。

"Hymo"是一种裁剪用的帆布，可译为海毛帆布，具有各种重量规格，一般会在其中织入山羊毛，以便与一起使用的羊毛粘在一起。通过羽状线迹缝在夹克的翻领上时，海毛帆布能够为保持翻领造型提供所需要的重量和稳定性。

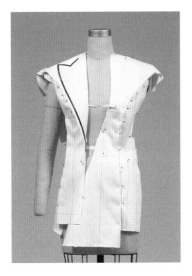 

第五步

- 在右侧翻领估算衣领的边缘。
- 放上夹克的左前片。

  将标记带作为引导线，裁剪左
  前片，制作折线。

  对于这样一款翻领来说，曲线的裁
  剪很困难，因此翻领将单独裁剪。

- 通过对齐剪口放上前侧片。

  注意：由于左后片和已经完成的
  右后片是对称的，因此不需要放上左
  后片。不过，如果放上左后片能帮助
  你完善服装的平衡感，那就可以放上。

第六步

- 如图所示，在胸部固定一个小塔
  克，增加胸部松量。通过给折线
  贴上标记带来完成这一步，而非
  真的做褶裥处理。
- 标记带通常使用 0.6 厘米的纯棉斜
  纹带，缝到面料上。
- 用标记折线有助于控制折线的长
  度，为斜纱提供支撑力，并在需
  要特定曲度的位置增加松量。

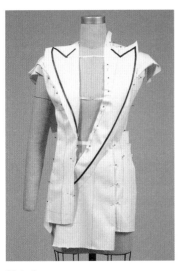  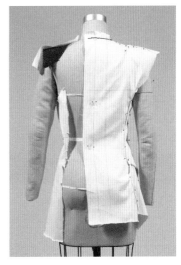

第七步

- 立裁衣领左前片。
- 如第六步所示，在胸部增加松量。
- 用斜纹带标记外侧款式线和剪口
  区域。
- 仔细对比两个翻领，与照片相比
  较，在必要处进行修改。

第八步

- 立裁右前片下摆线，将下摆向内
  翻折，打造照片所示的造型。

第九步

- 完成后片的立裁，注意后中线应
  在腰部以下向外展开。
- 注意后片的肩省。这个省道不会
  被缝制起来，而是用斜纹带表示。
- 注意右臀部的塔克，塑造了下摆
  线的形状。
- 用斜纹带标记领口，准备衣领的
  立裁。

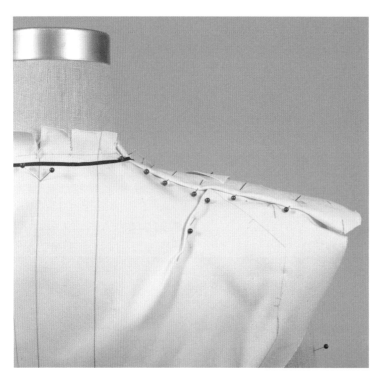

第十步

- 注意，肩部的造型并非直线，而是一条S曲线，这一曲线贴合穿着者的肩膀形状，从颈部开始向下弯曲，在靠近外边缘/手臂端向上弯曲。
- 后颈的斜纹带应该与衣领前片流畅衔接，为衣领的立裁做准备。
- 注意小肩省不会被缝制起来，而是使用斜纹带在前肩形成松量。

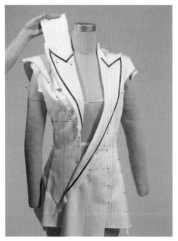

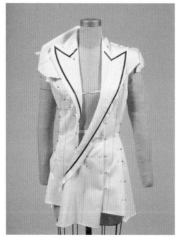

第十一步

　　大多数的衣领立裁是从领口后中衣片开始的（见第十三步）。此处，我们采用另一种方法，因为衣领和翻领之间串口线的流畅度非常关键。

- 使用30.5厘米×30.5厘米的一张坯布为衣领立裁做准备，标记经纱和斜纱。
- 从前片开始立裁衣领，折叠坯布片，使经纱与折叠线平行，如图所示，使坯布位于翻领之下。
- 使折叠边与翻领折线边重合，在翻领的上部固定坯布。

第十二步

- 将衣领坯布向后绕，包裹颈部。
- 观察坯布围绕颈部后的特性，如图所示。现在衣领看起来挺括，领子较高。
- 调整衣领，直到达到你觉得正确的领高为止。
- 由于衣领边缘必须完美贴合夹克肩部，因此在调整时，需要折叠衣领的"下摆"边缘。

第十三步

- 如果对衣领的样式和比例感到满意，那么将衣领小心翻起来，开始将其从后领口线用珠针固定，向肩部固定时打剪口。
- 从后领口线固定衣领的最初2.5厘米时，珠针呈一条水平直线，与后中线垂直。沿领口进行固定并打剪口。
- 完善衣领的下摆边缘。
- 以斜纱为折叠方向进行试验，重新立裁衣领，斜纱立裁会使衣领看起来更平整更柔软。

标记与修正

- 标记并修正夹克立裁。

  见第74页的"立体裁剪标记清单"和"修正基础"。
- 缝制用来试穿的坯布。按照"通过立体裁剪开发原型"（第83—84页）里的第四步到第八步进行操作。

这款男士西服衣领添加了背衬，背衬由厚重的亚麻面料按照斜纱方向以传统的方法裁剪而成，并采用羽状线迹塑造衣领造型。背衬不仅能使按经纱方向立裁的衣领挺括，而且还能使衣领平整地围绕领口。

评估

- 参见"评估指南"（第59页）。
- 第一印象：这件夹克呈现的态度是否正确？
- 评估这件立裁作品是否具有宽厚的肩部和夸张的翻领形状，是否呈现了亚历山大·麦昆夹克的力量感和自信感。

第四章
1/2 小人台上的立体裁剪

目标

在 1/2 小人台上应用学过的立体裁剪技巧。

找到 1/2 小人台放大到标准尺寸人台的最佳技巧。

练习1: 传统民族服装裁剪的现代化

重新解读一件传统民族风格外套的接缝，在 1/2 小人台上立裁。采用数学方法将立裁作品放大到标准尺寸。

练习2: 1/2 小人台上的实验性和即兴立体裁剪

以一件现成物为灵感设计一条连衣裙。

运用"重新立裁"法放大至标准尺寸。

练习3: 零浪费裁剪

在 1/2 小人台上即兴设计，解决"零浪费"裁剪所面临的困难。

案例: 1/2 小人台上的设计开发

拆解灵感，在 1/2 小人台上打造协调的套装设计。发现并应用正确的放大法制作标准尺寸的样板。

※ 在 1/2 小人台上进行立体裁剪是一种设计开发工具。

在1/2小人台上进行立体裁剪是一种设计和样板开发方法，这一方法既高效又具有启发性。如同一个人的手绘风格能展现出其个性一样，这种立裁方法有助于通过实践和直觉来发展个人的审美风格。

无论是根据草图开始立裁还是进行即兴立裁，无论是采用坯布或是最终设计面料，在小人台上立裁对于测试和评估个人想法而言是非常好的，这是因为人台尺寸小，能够非常快速地探索一个设计想法。

可以参考"优秀设计的十大原则"（第17页），尤其注意以下几点：

- 设计中的视觉吸引力：造型、比例、平衡、廓型。
- 视觉协调性：从各个角度观察和研究服装。
- 视觉重点：活动性和焦点。
- 质地特点：处理方式和装饰以及其尺寸、体量和位置。
- 最终设计面料的色彩平衡。

在1/2小人台上进行立裁还具有以下几种实际应用：

- 展示：用于时装设计师展示一个系列作品的理念，或用于服装设计师展示制作创意。
- 明确制作细节：测试并完善接缝位置。
- 计算所需面料的码数。
- 为零浪费裁剪探索各种方法。
- 快速模拟展示一个设计想法，并将这一想法交给助理来完成。
- 进行数字印花尺寸测试，能使各种尺寸可视化，以节约时间和金钱。

将1/2小人台上的立裁放大到标准尺寸的技巧

（1）采用数学方法，将立裁衣片放大，形成标准尺寸的样板。
（2）在标准尺寸人台上重新立裁，以1/2小人台上的立裁为指导。
（3）扫描和拼接法：使用打印机放大衣片，然后对衣片进行拼接。
（4）采用CAD或Gerber系统将修正后的衣片数字化并按比例放大。

1915年前后，玛德琳·维奥内特女士
（Madame Vionnet）与其迷你人台。

历史上，有一些使用迷你人台的有趣例子。在20世纪初的巴黎，玛德琳·维奥内特使用迷你人台立裁她标志性的斜裁礼服，这是早期零浪费裁剪的一个范例。由于斜裁法需要在整片布料沿对角线裁剪接缝，很可能浪费大量布料，而玛德琳·维奥内特巧妙地采用1/2小人台，像拼图一样将各个衣片拼在一起，能够最大程度地利用面料，产生尽可能少的废料。

第二次世界大战严重破坏了经济发展，由于缺乏资金和面料，制造标准尺寸的人台系列便成为问题。一些思维超前的艺术家通过创造迷你模型和线条人型来展示其系列作品解决了这一问题。

雕塑家让·圣马丁（Jean Saint-Martin）设计了线条人型，并与其先锋派艺术家团队一起打造了《时尚剧场》（*Théâtre de la Mode*）展览，从而在1945—1946年使高级定制系列重获新生。

一件格蕾夫人（Madame Grès）的设计作品：长款黑色真丝蝉翼纱晚礼服搭配亮绿色薄纱衬裙和齐肩藏马鸡羽饰面纱。这件作品在1946年纽约/旧金山的时尚剧场（Théâtre de la Mode）中特别展示。

制作1/2小人台的填充手臂

正如标准尺寸人台上的立裁，1/2小人台非常需要有一个填充的手臂来协助立体裁剪。以下是制作填充手臂的简单方法：

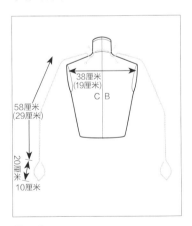

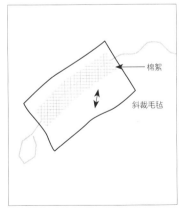

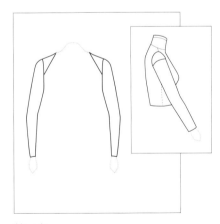

第一步

用一段制帽丝穿过肩膀合并形成两个手臂。（注意1/2小人台的手臂总长度规格为肩膀至手腕总长大约56厘米）。

第二步

裁剪一层棉絮或毛毡，作为长方形坯布的里衬，坯布的长度为手臂长。

第三步

将坯布缝到制帽丝手臂上，并制作一个三角形的"袖山"，以便固定到人台上。

1/2 小人台上的即兴立体裁剪

在 1/2 小人台上进行即兴立体裁剪能产生很好的效果。设计师不用纸和铅笔进行绘图，而是直接用面料、饰边和色彩进行"手绘"。因为在小人台上立裁只需要使用较少面料，所以既节省时间，又节省资源。

克里斯特尔·科赫尔从 1/2 小人台立裁到 T 台

当代法国设计师克里斯特尔·科赫尔（Christelle Kocher），是巴黎品牌 Koché 的创始人，就是在 1/2 小人台上进行操作，并且通常进行即兴立裁，采用坯布，或直接采用最终设计面料和饰边。这些立裁作品就是她的"手绘"。她在人台上固定面料或者手工缝制面料，立裁的效果略显粗糙，但就像一幅随意的插画，并不会在意小的细节，而是通过一个具体的造型清楚地传达她的创意想法。1/2 小人台上的立裁能够提供许多信息，足以让立裁师将其放大到标准尺寸人台上，并制作样板。

下图是一些科赫尔使用 1/2 小人台的范例，以及这些设计作品的 T 台照片。

科赫尔：立方 T 恤。

只有自然地进行立裁，形成创意接缝，才能获得这件设计的独特造型和廓型。我们能看到，在立裁出这样简洁而精妙的样板前，难以在二维平面草图上绘制出这样的效果。只有对服装的各个角度进行研究，才能够获得这样非对称而独特的平衡感。

参考"优秀设计的十大原则"（第 17 页）：这款服饰的造型吸引眼球，使人们的注意力聚焦于服装的各个角度，在视觉上具有吸引力。即使该服饰有多个焦点，但也是协调的。

科赫尔：柠檬色层次感雪纺裙。

科赫尔：海军蓝飘逸外套。

这件连衣裙的美感在于其雪纺的优美层次感。其设计上的挑战是将不对称感与平衡感完美融合。在 1/2 小人台上能够进行大量实验，最终获得独特的造型和廓型。

分片立裁海军蓝棉布获得了独特的造型和廓型，面料衣片形成截然不同的角度和瀑布褶，然而各个衣片本身又具有非对称的平衡感。

本页附图是Koché 2017年春季系列，是将1/2小人台上的立裁放大到标准尺寸后的呈现。采用渐变的染色方式，凸显了柠檬色层次感连衣裙的表面特点。海军蓝飘逸外套使用棕色帆布制成，对款式进行了简化，但是保留了原本立裁的个性。"立方"T恤的设计凸显了其前卫的造型。

练习1：
传统民族服装裁剪的现代化

锡克王子外衣

历史上，传统的民族服饰由精心编织的手工衣片构成，这些衣片不经过修剪而直接构成服装，只是简单地通过实用而经济的裁剪方式将衣片拼在一起。对比我们当代的标准，这种服饰通常不合身，因此通过改变这些几何形状的衣片接缝，形成新造型，能使这些服饰的廓型更加现代化。

要重新解读和更新这款采取传统裁剪方式制作的民族外衣接缝，需要在1/2小人台上进行立裁。我们会用到数学方法将立裁放大到标准尺寸，形成样板。

准备工作

平面草图

- 绘制平面草图，准备重新立裁。
- 由于这款民族服饰基本是正方形衣片，因此侧缝线和前片缝线将保持平直，侧片则用来使服饰合身、打造造型。
- 袖子将是短袖款式，而非长袖。
- 新"连衣裙"将添加腰带，形成另一种合身方式。

这件锡客王子外衣是由简单机织衣片裁剪而成的传统民族服饰范例，创作者是著名的德国民族学家马克斯·卡尔·蒂尔克（Max Karl Tilke）。

坯布准备

- 测量 1/2 小人台的大致尺寸，估计所需的坯布尺寸。
- 绘制坯布准备示意图，最大限度节省裁剪用料（第98页）。
- 撕布、矫正并熨烫坯布，标记纱向线。

人台准备

- 如果没有 1/2 小人台的填充手臂，可以按照标准尺寸填充手臂的制作方法进行制作，将尺寸缩小一半，或者使用制帽丝和毛毡直接制作小号填充手臂（第107页）。
- 将 1/2 小人台的腰线到地面的距离设定为标准尺寸人台腰线到地面距离的一半。

纱向线标记指南

前片

- 前中线/经向纱线（为包边和重叠留出面料）。
- 胸部纬向纱线。
- 臀部纬向纱线。

侧片

- 在衣片正中标记经向纱线。
- 胸部和臀部的纬向纱线。

后片

- 后中经向纱线（离布料边缘2.5厘米）。
- 胸部和臀部的纬向纱线。

袖片

- 经向纱线：袖中线。
- 纬向纱线：坯布中线。

领圈

- 在衣领长边标记经向纱线。

 立裁步骤

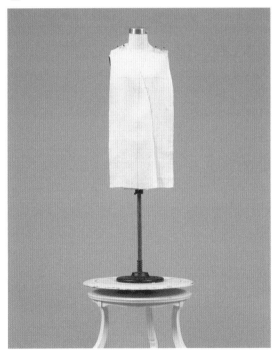

第一步

- 从前中线开始，对齐坯布和 1/2 小人台上的经向纱线，保持纬向纱线水平。
- 对后片重复同样的操作。

第二步

- 放上侧片，使经向线垂直于地面，纬向线保持水平。
- 开始用珠针固定前片和后片。
  在胸部添加造型（使用额外的坯布）。
  仅在侧片上使下摆向外张开。
  在腰部缩小侧片，调整坯布。

第三步

- 在侧片之上固定前后片的缝份。
- 确定腰围线略微向下的位置为腰身/腰带位置。
- 向内折叠侧片，留出袖窿的尺寸。

第四步

- 袖子立裁：使用方形坯布，从肩膀顶部开始固定。使袖子的后片比前片稍长，并使袖子从袖窿往下的长度逐渐缩短。
- 立裁前领口：使用方形坯布片，从后中线开始，沿领口线固定坯布，并形成一个使领口线稍微张开的曲线，使胸部留有一定空间，然后将领口带子向后拉，成为系带。
- 将下摆别起来。

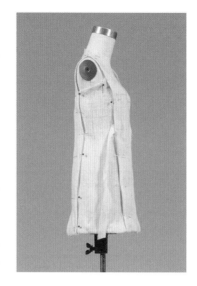

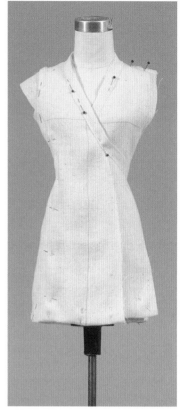

采用数学方法将立裁放大为标准尺寸样板

- 标注并修正1/2小人台立裁衣片。放大为标准尺寸样板（第113页），这个样板之后会用来裁剪新的连衣裙坯布衣片。
- 使用坯布准备示意图作为指导，将每张衣片的外边尺寸放大一倍。
- 然后在网格样板纸上描绘出每张衣片。检查经过立裁和修正后的衣片，并相应地调整尺寸。
- 在每张衣片的各边加放5厘米，方便之后重新立裁。

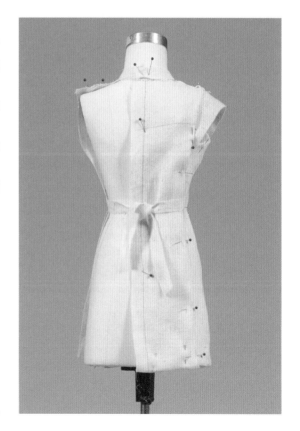

1/2小人台上的立裁成品后视图。

第一步

- 在样板纸上添加纱向线，与坯布上的纱向线对应。
- 创建一个网格图，是定位重要的关键点。

  在1/2小人台的立裁坯布上绘制一个2.5厘米的网格。

  在样板纸上绘制一个5厘米的网格。

  用数字标记垂直线，字母标记水平线。

- 绘制每张样板衣片时，操作如下：

  在1/2小人台的立裁坯布上进行一系列关键标记，来显示重要的样板尺寸和曲线，包括肩膀的内外接缝，胸部、腰部和臀部的前片、侧片尺寸，以及肩膀到下摆的长度。

- 在网格图上，将1/2小人台上坯布衣片的关键标记放大一倍，然后在新的样板上确定这些标记的位置，由此将1/2小人台上的关键标记转移到标准尺寸的纸样上。

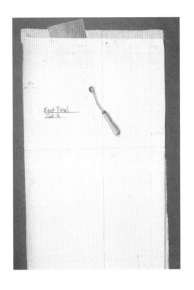

第二步

- 将每张纸样转化为坯布衣片，操作如下：

  在矫正和熨烫过的坯布上标记纱向线，与纸样上的纱向线相对应。

  将纸质"样板"叠放到新的方形坯布上。

  使用复写纸和一个滚轮，转移关键标记。

  绘制线条连接标记。

- 在每张衣片各边外5厘米处轻轻划线，在立裁时供调整用。
- 沿纸样裁剪坯布，在各边缘外留5厘米的边距。

标准尺寸立裁

- 按照1/2小人台上的立裁步骤，对标准尺寸衣片进行立裁。
- 按照坯布上的标记进行立裁，但这些标记只能作为参考，因为现在需要对你想要的确切造型和廓型进行仔细调整。

评估

- 参见"评估指南"（第59页）。
- 对比两个版本。标准尺寸的立裁作品长度越长，侧片则越饱满。

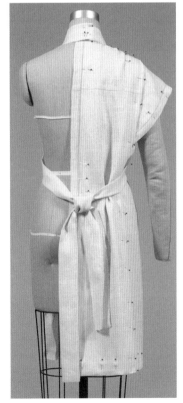

标准尺寸人台上的立裁作品正视图和后视图。

练习2：
1/2小人台上的实验性和即兴立体裁剪

达克瓦兹（Dacquoise）

　　实验性立体裁剪是进行这一练习的好方法，这一立裁练习成功的关键是找到能呈现达克瓦兹奢华、美味的面料。可以绘制一些草图寻找灵感，然后经过即兴立裁，一条连衣裙就能顺利地制作出来。

准备工作（进行以下任一或全部准备工作）

灵感来源

- "达克瓦兹"这一名字听起来就令人着迷。手指饼干有着金黄色的脆壳，包裹着丰富的鲜奶油。各种浆果精致地放在中间，上面撒了些金粉。灵感缪斯形象：一个天真无邪的少女参加一场初夏的毕业典礼。

研究

- 研究运用了雪纺和欧根纱的图片，以比较两种面料的悬垂和碎褶的效果。回顾专门运用这种面料设计连衣裙的设计师的系列作品。
- 查看"设计师的目标与愿景：面料选择"（第31页）。

面料/饰边

- 使用与达克瓦兹的颜色和质感相同的面料进行实验性立裁，有助于确定最终用于设计的面料。

在我工作室附近的一家烘焙店，这款达克瓦兹糕点质感奢华、浆果色彩独特，吸引了我的注意力。

研究杂志图片中的面料

　　研究并学会识别时尚杂志摄影作品中或者T台走秀中使用的面料，会发现你所喜欢的每种面料的特性。了解哪种廓型、哪种设计元素和制作风格的效果更好。

设计师的预测技能

　　将一大张最终设计面料悬垂在附近的人台上，作为参考，有助于预测这种面料的立裁效果。

受实验性立体裁剪的启发，我绘制了一些粗略的草图来激发创意，试图发现即兴立裁时想要打造的廓型和长度。

草图

- 由于将采用即兴立裁的方式制作这款连衣裙，因此只需要画出粗略草图来帮助明确立裁方式。糕点中的手指饼干展现了强烈的垂感，因此需要使用柔软的面料按照经纱方向进行立裁。
- 选择要作为参考的草图，"优秀设计的十大原则"（第17页）可以帮助你做出决策。仔细阅读以下清单，系统地研究每款造型的要点：
  视觉吸引力：造型、比例和平衡感。
  视觉协调性。
  视觉重点：动态和焦点。
- 在这一立裁练习中，我不会画出平面草图，因为我希望立裁是即兴的，给我在立裁时即兴变化的空间，以组合各个元素。

坯布准备

- 在分析了连衣裙的元素以及透明和半透明面料的应用后，我将采用最终设计面料来准确呈现连衣裙设计的立裁效果。基础是一个衬裙，多层裙撑将支撑用在最上层的多层雪纺。

人台准备

- 添加1/2小人台尺寸的填充手臂。
- 在人台上使用标记带标记出帝国腰线，以及到底边的长度，可通过记录尺寸在立裁时作参考，或采用珠针来标记长度。

第一步

- 估算最开始要使用的滑衬（真丝或纯棉面料）尺寸。这里我预计需要使用56厘米×56厘米的衣片。

  注意：虽然左右两侧衣片都会进行立裁，但不用准确立裁出镜像对称的衣片。对左右两边镜像对称的衣片，只需要标记和修正一侧衣片即可。

- 立裁衣身和下胸区域。
- 使用碎褶做出领口线（如图所示）。

第二步

- 对于下一个要使用的面料，可对一些缎面欧根纱进行实验性立裁，这种真丝缎面可以作为衬裙，用来塑型、提供支撑。这种面料较重，让我想起了手指饼干像"墙壁"一样支撑着丰富鲜奶油的样子。

  注意：记得在进行过程中拍照、做笔记，以便在重新立裁时轻松复制样式。

第三步

- 添加缎面欧根纱作为衬裙，其椭圆的造型呼应了手指饼干的形状。
- 添加经过碎褶处理的真丝皱面雪纺到下胸区域。
- 将雪纺面料进行碎褶处理，长度为原长的2/3，在侧边垂下。
- 将裙摆向上拉，形成泡泡的形状。
- 采用裙撑的面料形成袖子的基础造型。

第四步

- 在裙身各边添加有褶裥的裁片，完成裙身立裁。
- 在袖子部分的裙撑面料基础上，使用真丝褶面雪纺进行立裁。
- 将彩色真丝面料经过缠绕添加到立裁作品上，呼应糕点上的"浆果"。

使用一面镜子进行立体裁剪

　　站在一面镜子前进行立体裁剪是十分有用的。在学习、研究轮廓和造型时，从远处观察立裁作品就变得很重要。使用镜子，易于将观察立裁作品的距离保持在1.5米左右，这通常是我们观察他人身上服装的距离。镜子也能够提供一个新的审视角度，让你能够以一种全新的视角观察立裁作品，还能将立裁作品与其设计草图或相关照片进行对比。

评估

- 参见"评估指南"（第59页）。
- 想象灵感缪斯的模样。这件立裁作品是否呈现了一个身着这件连衣裙参加初夏毕业典礼的视觉效果？
- 该面料是否成功呢？
- 真丝褶面雪纺和缎面欧根纱的组合很好地表现了灵感的感觉。
- 是否有其他面料能呈现出更好的效果呢？比真丝褶面雪纺质地略轻、更透明的面料可能产生更好的效果，对于标准尺寸的立裁作品尤为如此。做一些实验性立裁，有助于判断这一想法是否正确。
- 装饰：下胸围突出的色彩是这一立裁作品的焦点，作为一个装饰，它强调了这一设计的情绪和色调。

放大尺寸：重新立裁法

重新立裁的方法，就是将在1/2小人台上的立裁步骤，换成在标准尺寸人台上操作。1/2小人台上的立裁作品以及过程中拍摄的照片可以作为指导。

- 手绘平面草图，要么参考最终的立裁作品，要么使用立裁之前绘制的粗略草图上的元素。详细画出里层结构包含的元素，如滑衬、里衬或裙撑，以及外层元素。要记得绘制扣合件的设计。
- 确定坯布的选择，采用两种或三种不同重量的坯布来表示不同的面料。
- 制作坯布准备示意图。
- 撕布、矫正并熨烫坯布，标记纱向线。

按照1/2小人台上的立裁步骤进行重新立裁。

- 运用照片和笔记，指导立体裁剪。

注意：由于这件连衣裙是对称的，因此只需要立裁出连衣裙的一半即可，另一半则可以使用镜像对称的衣片完成立裁。

- 思考浆果顶部的金粉需使用什么装饰来体现。

评估

- 参见"评估指南"（第59页）。
- 将1/2小人台上的立裁作品放大为标准尺寸后，分析其廓型和色调可能发生的变化。

零浪费裁剪

这件简单而优雅的连衣裙由安杰洛斯·布拉蒂斯设计,来自其2015年春夏系列。这是一件由单片布料裁剪出来的连衣裙,成为创作本例零浪费裁剪设计的灵感来源。

原创连衣裙设计

零浪费裁剪对于今天的时装行业来说是珍贵的技巧,其可以打造美丽迷人的服装设计,而不会造成浪费,导致面料进入垃圾被填埋场的后果,是慢时尚道德观念在实际应用中的范例。

许多服装设计师,包括安杰洛斯·布拉蒂斯(Angelos Bratis)和阿尔伯·艾尔巴茨(Alber Elbaz)都仿效玛德琳·维奥内特,使用单独一片面料进行立裁设计。掌握这一技巧需要经验和技术。在1/2小人台上进行的即兴立裁,既节约时间也节约面料,是练习这一技巧的一个非常有效的方法。

准备工作

灵感来源

• 这款安杰洛斯·布拉蒂斯设计的连衣裙焦点突出,我用来作为灵感来源,指导新的服装立裁。

研究

• 参考"优秀设计的十大原则"(第17页),注意"视觉重点"中的要点,既动态和焦点。

• 找出一些其他设计师运用零浪费裁剪的图片来进行研究。

面料/饰边

选择合适的面料:由于焦点突出是很重要的,因此可能要选择质地简单、印花不复杂的面料。同样,由于这款服装设计可能需要在某些区域更加饱满,因此最好选择柔软、质地轻薄的面料。

使用最终设计面料在1/2小人台上进行立体裁剪

在1/2小人台上使用最终设计面料时,要记住,使用小尺寸衣片进行立裁的效果并不会和大尺寸衣片一致。在附近的人台上悬垂大尺寸衣片的样品会很有帮助,有助于你预测最终的设计效果。

平面草图

• 不必绘制平面草图,但是制作纱向线示意草图能帮助你专注于设计过程中。

坯布准备

• 确定要使用多少尺寸的选定面料是非常重要的。一个方法是思考你想一次性在人体上看到多少面料。

• 确定一个具体的尺寸,然后将其除以二。在这里,3.7米是服装成品的目标尺寸,因此对于1/2小人台上的立裁,我会使用1.8米的正方形坯布。

人台准备

• 为制作这款服装,我会使用一个基础胸衣,这样垂褶和其端点能够缝制到这个基础胸衣上,使得服装的制作更加容易。

• 注意:这一步是非必需的,毕竟这款设计因个人的品味不同而不同。

立裁步骤

这一练习旨在进行一个原创设计，因此以下这些步骤介绍了选定面料的处理方法。尝试利用直觉指导你设计出满意的效果。不要害怕对面料进行裁剪和固定，手上准备好几种长度的面料，这样你就能尝试多种变化方式或不同的方法。

第一步
- 开始立裁，使用基础胸衣固定面料。
- 从左侧臀部到右侧紧身胸衣顶部用珠针固定面料，使其余面料在右手处形成垂褶。
- 拿起面料的另一侧端点，使面料绕过背部，在右侧臀部固定。

第二步
- 垂直裁剪面料，使背部有尖角的衣片自然垂坠。

第四步
- 将剩余的立裁面料放到右臀部，形成瀑布褶，调整衣身上部，用珠针固定到紧身胸衣上。这里看到的是立裁完成后的正视图。

第五步（附图）
- 这张图片显示了立裁完成后的后视图。记录下立裁作品，然后使用重新立裁法（参见第117页），重新制作标准尺寸的立裁作品。

第三步
- 拿起这一尖角绕向前片，使衣片覆盖前片以下的人身部位。
- 将上背部的三角衣片向内翻折，如图所示。

评估
- 参见"评估指南"（第59页）。

- 反思设计作品，记些笔记，拍摄照片，运用"优秀设计的十大原则"（第17页）评价设计作品。

案例：
1/2小人台上的设计开发

"雨中的纳帕谷杏花"

　　这个案例的灵感来自"地球遗产"灵感板：紫水晶、棉花、天空，让人想起纳帕谷中两侧杏树林里的道路，杏树上开满了柔软的白色花朵，然后天空下起了小雨，花瓣轻轻地从树枝的间隙飘下，落在草地上，落在柔软的黑色土地上。

准备工作

灵感来源

- "地球遗产"灵感板上的细节。

研究

- 我研究了真正杏花的形状来制作装饰。

面料/饰边

- 进行实验性立裁，测试各种面料，判断哪种风格更恰当：经典风格还是浪漫风格？

平面草图

- 不必绘制平面草图，但是建议制作纱向线示意草图或者粗略绘制概念草图，为立裁提供一些指导，但同时仍要凭直觉进行立裁。

坯布准备

- 撕布、矫正并熨烫坯布，标记纱向线。

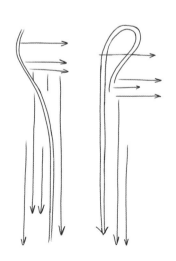

　　左图：纱向线示意草图一：经典风格纱向线。

　　右图：纱向线示意草图二：浪漫风格纱向线。

"地球遗产"灵感板。

实验性立体裁剪一。

通过实验性立体裁剪，评估面料的选择、不同面料呈现的情绪以及纱向的选择。

实验性立体裁剪一

- 砂洗查米尤斯绉缎按照斜纱方向悬垂时更加柔软，更贴合人台。
- 网眼蕾丝针织为作品带来了恰当的情绪，而紫水晶饰边在下胸围提供了焦点和色彩点缀。

实验性立体裁剪二（右图）

　　查米尤斯面料按照经纱方向悬垂，形成垂直线条，呈现下雨的感觉。

- 添加蕾丝，以及查米尤斯布条和编织装饰。悬挂在左手边的丝带不像其他面料那样柔软，但是加强了垂直的效果。
- 造型和轮廓：只要连衣裙保持修长和垂直的感觉，肩部的茧型造型就能够与之搭配。
- 茧型造型呼应纱向线示意草图中的曲线，并成为很好的焦点。其线条流畅，具有视觉重点和动态感。
- 小片编织装饰令人想起身侧挂着念珠的修女长袍。

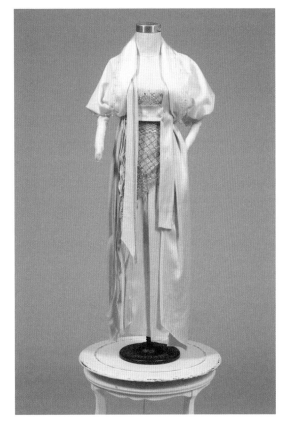

实验性立体裁剪二。

　　第一件实验性立裁作品是一件非常标准而经典的晚礼服造型：一件合身衣身加上一条长裙，要么按照斜纱方向裁剪，要么按照经纱方向裁剪，形成贴身的造型。这是一个精心设计的造型，各个衣片制成成品套装时非常自然地组合到了一起。

　　第二件实验性立裁作品造型更加时尚，是衬裙和塔巴德式外衣的结合，呈现不同面料的拼接风格。由于款式自由独特，因此可以形容其为浪漫风格。通过即兴立裁形成的飘带模仿了下雨的样子，雨是一种情感参考。参考侯赛因·卡拉扬（Hussein Chalayan）的作品"美狄亚"（Medea）（第57页），这是情感浪漫主义的一个完美范例。这件作品给人一种野性而自由的感觉，飘带释放出能量，将欣赏者与作品连接在一起。

　　接下来的立裁作品将反映浪漫风格。按照以下步骤重新创作这个造型，也创作出自己的版本（因为这个练习是即兴的）。

过程记录的重要性

　　在1/2小人台上进行立裁时，要在过程中拍摄照片并记下笔记。这样，当你在放大立裁作品时，这些都是可以参考的有用信息。

立裁步骤

第一步

- 立裁衣身，做胸下省和一个前中线省道，使面料在前中线处贴合人台。
- 制作一条宽布带。

第二步

- 立裁裙身，将坯布的斜向线作为前中线与人台的前中线对齐。
- 在臀部抚平面料，从下胸围到臀部做一个倾斜的法式省道，使面料贴合人台，将布料包裹背部。

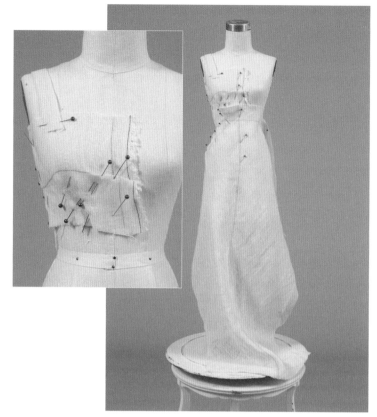

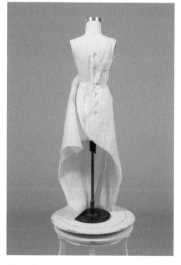

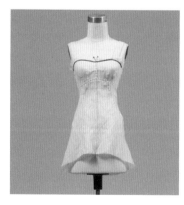

第三步

- 立裁衬裙后片，使面料从前到后包裹人台，在臀部区域抚平布料。
- 沿裙身顶部边缘用珠针固定。

第四步

- 用标记带标记衣身顶部边缘。
- 修剪裙摆，使前片比后片短。
- 由于还会在外层增加多层面料，因此需拆下衣身的珠针，手工缝合各个衣片。

第五步

- 立裁塔巴德式外衣。

注意：这一部分是镜像对称的设计，但是对于这一立裁作品，整个部分都需要立裁出来，这有助于你预测所有衣片组合起来的效果。

第六步

- 立裁出茧型的包裹造型，尝试模仿第一件实验性立裁作品的体量。
- 在腋下固定布料，并确定领口线。

第七步

- 调整茧型后片，与前片茧型平衡。

放大衣身：扫描和拼接法

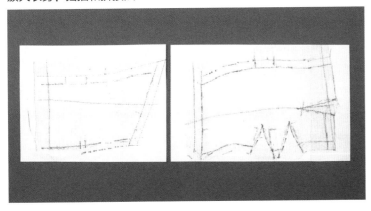

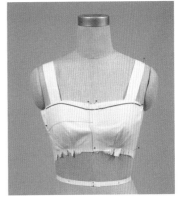

第一步

- 标记并修正小人台上的立裁，参考"立体裁剪标记清单"和"修正基础"（第74页）。
- 熨烫衣身的前片和后片，使其平整。
- 扫描两张衣片，将其尺寸放大到原来的两倍。
- 如果样板衣片较大，扫描仪放不下，可以分别扫描不同区域，然

后打印扫描后的衣片，用标记带将各个衣片连接起来，形成完整的样板。
- 注意：即使扫描结果较粗略也没有关系，扫描后的造型和接缝会是正确的。在进行标准尺寸的立裁时，也会对衣片进行细致调整。

第二步

- 根据打印出的样板裁剪坯布片，在人台上固定衣身的两部分衣片。
- 标记上边缘，添加肩带（将尺寸放大至原来的两倍）。
- 注意需要修改的地方，使用红色铅笔或者红色标记带进行标记。
- 这里，前中线省道可能太大了，因此产生了褶皱，需要调整。

放大滑衬：采用重新立裁的方法

第一步

- 熨烫衣片，检查造型和尺寸。
- 为滑衬的前片和后片准备坯布片。
  将小人台上的衣片尺寸放大到原
  来的两倍，得到方形坯布尺寸。
  标记纱向线。
  在重新立裁时，用画粉标记出
  省道的恰当位置等，有助于立
  裁的标记。
- 采用1/2小人台上的立裁技巧，
  开始立裁裙身的前片。

  注意：由于裙身是镜像对称的
  衣片，因此只需要立裁出其中一半
  即可。

第二步

- 立裁裙身后片，将其固定到衣身上。
- 在臀部结束法式省，越过侧缝线。

第三步

- 立裁塔巴德外衣，查看比例，与
  1/2小人台上的立裁相对比。

第四步

- 在立裁茧型包裹造型前，使用一些
  为悬垂飘带的面料进行实验性立裁。
- 采用1/2小人台上的立裁技巧立
  裁茧型造型。

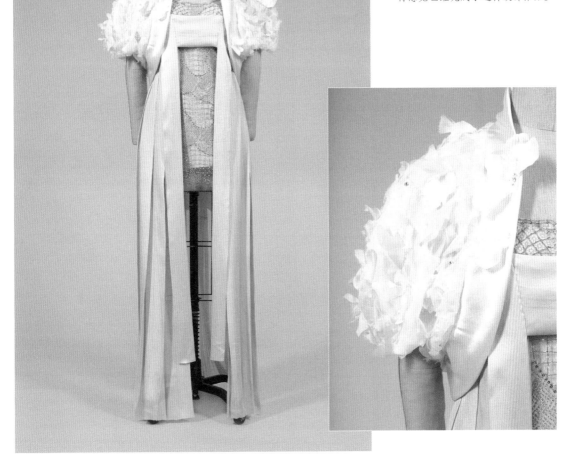

第五步

- 添加飘带，在茧型造型上添加羽毛和花瓣装饰，完成立裁作品。
- 继续添加装饰物并进行调整，直到你感觉已经完成了这件设计作品。

评估

- 参见"评估指南"（第59页）。
- 从不同的角度，或者使用一面镜子检查立裁作品。
- 反思立裁作品，思考其是否传达了这种感觉：着装者是否能感受到纳帕谷杏花在雨中飘落的那种柔和泥土气息？
- 这个设计理念是否具有情感重点？
- 如果你有灵感缪斯，请想象一下你的灵感缪斯身着这条连衣裙在你想象的场景中的模样。

- 注意面料给人的印象：
  这个面料是否有助于设计理念的传达？
  采用其他面料是否会产生更好的效果呢？
- 装饰和饰边是否加强了作品的情感力量或情感表达呢？对于这件立裁作品，我感觉这些装饰和饰边增强了造型的力量。

第五章
根据插画进行立体裁剪

目标

观察并发现一幅插画中的哪些元素表达了你想要表达的情感。

培养根据设计草图进行立体裁剪时所必需的解读能力。

了解优秀平面草图的构成要素：正确的比例和全面的制作细节。

练习：**根据戏剧服装设计插画和平面草图，并进行立体裁剪**

打造一件立裁作品，使其与插画所描绘的服装特点以及平面草图的比例相一致。

案例：**根据一幅时装插画进行立体裁剪**

解构一幅时装插画的特性，将一件套装中的各个元素转化成反映设计师情绪和色调的比例和款式。

※ 根据插画进行立体裁剪在比例上要精确。

根据一幅插画进行立体裁剪意味着将二维图像转化为三维立体实物，既要塑造出设计师想要的造型，还要传达插画的情绪和色调。这一章节详细介绍了根据插画和草图进行立体裁剪的方法，这些方法正式且专业，为工作室所采用。要打造正确的比例、呈现正确的感觉是有挑战性的，需要技巧和练习。

在时装和戏剧服装设计中，针对不同的场景会绘制不同类型的图画。"设计草图"通常是在设计概念形成过程中绘制的粗略的工作草图。"平面草图"是服装工作室会采用的专业"蓝图"，包含制作细节。而"插画"通常是在设计作品完成后绘制的，印刷在时尚杂志上用来做品牌宣传，或者在戏剧服装设计中展示宣传。两者的界限往往很模糊。有些设计师本身就是插画师，但有些设计师则从来不绘图。对于设计师而言，要表达想法有许多方式可选，关键是找到对个人而言效果最好的方式。

鲁本·托莱多（Ruben Toledo）

插画家和服装设计师进行合作能够极大地激发创造力。鲁本·托莱多和伊莎贝尔·托莱多（Isabel Toledo）夫妇的合作就是创意的源泉，他们创作出前卫的时装设计和艺术作品，屡获殊荣。鲁本丰富的插画作品，加上伊莎贝尔的立体裁剪技术以及对手工艺的热爱，使二者的艺术水准提升到了一个新的高度。

> 我们的合作并没有明确的开端或结束。我们自然地创作出这些作品，没有既定规则或者明确的限制。我的水彩画变成了她的裙子，然后这身裙子又变成了我的雕塑作品，如此反复……就像一场本身具有恒定速度和力量的网球比赛。
>
> *鲁本·托莱多*

这是鲁本·托莱多创作的时装插画。模特的姿势表明这是一位强大而自信的女性，其造型和色彩呈现一种俏皮而幽默的氛围。（竟然牵着一只乌龟！）这个女性形象有着平衡感，帽子、扇子、蝴蝶结和乌龟的圆润曲线与许多垂直线结合，呈现出活力四溢、充满动态张力的形象。

设计草图

插画或者设计草图有时非常精确且详细，有时又可能是抽象、夸张、形式自由的，因此在立体裁剪时需要掌握解读的技巧。鲁本·托莱多的作品就具有这样的狂野特点，以及一种艺术的自由感，然而通过仔细观察，可以发现细节非常清晰。由于鲁本在服装制作方面也是专家，因此他在露肩部分表现了褶裥，裙子的里衬也通过侧开衩清晰地表现出来。

与鲁本一样，克里斯汀·拉克鲁瓦（Christian Lacroix）具有美丽而抽象的绘画风格，而且，他对服装制作方面深入了解，我们能够很容易地看出他的意图。我们可以从每位设计师的绘画风格一窥他们的创作过程。在帕特里克·毛里埃斯（Patrick Mauriès）2008年的书籍《克里斯汀·拉克鲁瓦谈时尚》（Christian Lacroix on Fashion）中，克里斯汀谈论了他的创作方法：

> "连续好几天，不间断地创作大概三四百幅草图，这是每个高级定制系列的起源……每场大秀中，从T台展示过的一件件服装，在一定程度上都令人想起这些服装成型前的设计图，这些设计图在绘制过程中变得越来越抽象。在服装制作过程中，我们根据那些不精确的线条、明显的中断等草图的特点进行制作，这些特点让服装产生一种停顿，暗示了开口和扣合的位置。"

与上述两位的插画风格不同，这幅由卡尔·拉格斐（Karl Lagerfeld）绘制的设计草图则极为详细，最终制作出来的裙子与其插画非常相似。袖口和裙腰的比例，以及图案的位置都进行了标注。

卡尔·拉格斐从1964年开始在寇依（Chloé）工作，直到1983年，卡尔去了香奈儿工作，1992—1997年他又回到了寇依。他在波西米亚风格的飘逸连衣裙上大胆地进行印花设计，体现了寇依欢乐、现代的精神，并将品牌提升到了现在的国际地位。这种非常详细的插画绘制风格使服装设计的外观尽可能地接近设计师最初的设想。

上图：详细的设计草图在T台上成为现实，该服装与草图十分相似。

下图：卡尔·拉格斐为寇依绘制的设计草图。

浪凡（Lanvin）的巴斯蒂德·蕾伊（Bastide Rey）

2016年，我拜访过巴斯蒂德·蕾伊，那时他是浪凡工作室的主管。在那里，我看到桌子上阿尔伯·艾尔巴茨（Alber Elbaz）创作的一幅设计草图。草图上的身影非常粗略，但非常美丽，看得出是快速画出来的人物，黑色墨水的泼洒形成了一件连衣裙的造型，并有一块面料钉在草图上面。我提到这幅草图有很大的解读空间，蕾伊却回答说，他非常清楚地知道设计师想要表达什么。

当然，研究工作是需要做的。蕾伊清楚这一设计系列的具体内容，知道艾尔巴茨所倾向的人体工学风格以及他近来所做的服装类型，所有的这些使得蕾伊"非常清楚地知道设计师想要表达什么"。

然而，蕾伊不仅是一位立裁师，他也有其独特的、标志性的设计风格。他的才华、天赋和能力使他能够创作出独特的造型，并且使他备受追捧，他因此能够获得信任，进行一个产品系列的设计，在这些系列作品中，他不仅能呈现所在品牌的风格，也能体现自己的个人审美。

这就是立体裁剪的本质，由于个人的风格总会表现出来，因此立体裁剪鼓励原创设计。我们必须读懂设计的细节，在这个例子中，要分辨出哪些细节属于蕾伊的风格，哪些又是浪凡品牌的风格。

斯蒂芬·罗兰（Stéphane Rolland）

以下这些由斯蒂芬·罗兰创作的艺术设计草图展现出一种态度，但也融入了许多细节，突出了设计的特点。请将这些设计草图与成品服装的图片进行对比。

这件服装设计成品比设计草图更有趣。渐变色的衣身在服装从上到下的动态中给色彩添加了流动感。在这幅草图中，白色和摩卡色之间的划分非常清晰，但在T台版本中这两种色彩却融合得非常美。裙子的透明度和可见的底裤稍稍弄乱了线条，但通过添加了一个有趣的风格元素弥补了这一点。

时装插画

在摄影技术广泛普及之前，插画一直是时装行业的一种标准的沟通方式，其历史长达一个多世纪。现在，无论插画是服务于工作室团队、买家，还是作为广告向公众宣传，都是一种体现时代精神的艺术形式。

20世纪20年代，埃特（Erté）对时装业产生了重要影响，那一时期的金属镂花套版版画奠定了20世纪上半叶高级定制服装的色调，体现了新艺术运动和装饰艺术的风格。安东尼奥·洛佩兹（Antonio Lopez）（通常称作"安东尼奥"）是20

世纪70—80年代著名的插画家之一，他的作品对那一时期鲜艳多彩的艺术风格产生了很大影响。

这类插画通常在服装制作完成后绘制。插画中的人物通常修长纤细，以突出强调服装的线条，往往采用夸张手法，主要表现了颜色搭配、情感和廓型。插画的详细和抽象程度，决定着需要采用哪些解读技巧。要想在三维的立体裁剪中体现插画的情绪、色调和情感，关键是观察，然后去发现插画中的哪些元素表达了你想要表达的情感。

这幅设计草图非常夸张，就像时间被定格了一般。这件服装制作的挑战在于优化立体裁剪作品，使其能够体现设计草图的动态感，同时准确按照罗兰的设计想法，体现衣片的透明质感。

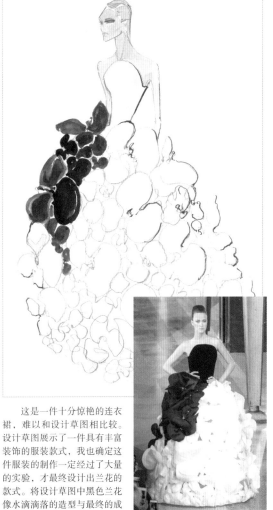

这是一件十分惊艳的连衣裙，难以和设计草图相比较。设计草图展示了一件具有丰富装饰的服装款式，我也确定这件服装的制作一定经过了大量的实验，才最终设计出兰花的款式。将设计草图中黑色兰花像水滴滴落的造型与最终的成品连衣裙相比较，哪一个造型更加有趣呢？

专业平面草图

绘制"平面草图"的目标是绘制一幅详细的草图，能够清楚地传达服装设计的正确比例和制作细节。正确绘制平面草图的难点也是解读的难点所在，有赖于你所参考的设计草图或者插画。虽然做一些较大的变化需要和设计师商讨，但是对图画的解读也可以稍微改动、简化或强调。

制作详细的平面草图时，首要任务是解决十分重要的纱向线配置问题。使用最终设计面料进行实验性立裁能够解决这一问题，也能够帮助决定采用什么里衬面料，里衬布面料能够对设计的造型产生重要影响。不明确的接缝、明线等制作细节可以在1/2小人台上进行测试。面料和制作细节等的确定能够影响设计的效果。

根据插画准备立体裁剪的大致清单

准备工作

灵感来源

- 以清晰为目标，关注艺术家或设计师的意图，了解他们想要传达的内容。
- 为设计作品命名，为作品编写"故事"剧本。
- 确定插画中的哪些元素引发了故事，或者产生了情感画面。
- 想象一个灵感缪斯，明确设计态度或故事线。

研究

- 研究该设计师过去的作品。
- 研究所选面料之前的应用方式，研究其在历史上和文化上的应用。
- 使用参考服装获得尺寸。

面料/饰边

- 采用实验性立裁来评估面料，并做出最后的选择，注意面料的宽度。
- 为确定接缝和尺码，考虑使用绒面或者定向设计织物。
- 对饰边、特殊处理方式或者装饰进行收集、研究和测量。

平面草图

- 绘制出与插画一致的比例，将插画师描绘的夸张元素考虑在内。
- 表现所有纱向线的配置。
- 包含多块主面料和里衬。

- 注意支撑元素：里衬、粘合衬、垫肩、裙撑、基础胸衣等。
- 注明所有接缝和制作元素。
- 注明任何装饰或饰边。

坯布准备

- 使用与最终设计面料相匹配的坯布。
- 制作一张坯布准备示意图，有助于合理地裁剪坯布。
- 撕布、矫正并熨烫坯布片，恰当标记纱向线。

人台准备

- 选择正确规格的人台，根据需要对其进行填充。
- 根据需要添加支撑元素：垫肩、填充手臂、裙撑等。
- 在有助于确定比例的地方用标记带标记。
- 检查合身度、尺寸、松量和拉伸性的人体工学。

立裁步骤

- 将插画和平面草图放在视线内。
- 有条件的话，站在一面镜子前进行立体裁剪。
- 花点时间静下心来感受你想要传达的内容。

评估

- 参见"评估指南"（第59页）。
- 对比立裁作品和插画。通过对立裁作品拍照，你可以在二维视角观察立裁作品和插画，你会发现这样更容易进行对比。
- 回顾"优秀设计的十大原则"（第17页）以及"高级定制的十大要点"，寻找任何可以优化最终造型的方法。

练习：
根据戏剧服装设计插画和平面草图，并进行立体裁剪

波科诺（Pocono）戏剧服装

根据这幅草图进行立裁的挑战在于将服装和人物不修边幅的质朴特点结合起来。各个元素的比例是关键，这些元素必须略微宽松，但不至于肥大。因为这个角色超越了特定的时期或者历史和文化的环境，因此必须小心处理造型和轮廓，使服装保持某段时间的印记。

准备工作

灵感来源

• 这幅插画描绘细致，但在戏剧服装的立体裁剪前，需阅读剧本，来更深入地了解这个角色。这幅草图是为彼得·温·希利（Peter Wing Healey）的歌剧《传统的咒语》中的叙述者波科诺这个角色设计的。导演想要的造型是美洲土著人和日本农民的组合，但本质上，是一个将服饰都披在身上的旅行者。

研究

• 回顾历史上的服装：能剧精灵，日本农民服饰，以及美国土著的长袍和配饰。

面料/饰边

• 检查所选的和服面料（一种宽松机织的麻布）宽度。这件和服将是宽大且呈廓型的，所以如果面料不够宽，那么接缝的位置将非常重要。为了选择合适的支撑材料，我们对各种里衬、硬布，以及粘合衬同拉菲草流苏进行了测试，以便使衣领与和服腰带具有合适的重量。

平面草图

• 绘制平面草图，其中要包含制作细节和接缝细节，添加多片主面料和支撑面料布片。

波科诺的插画，彼得·温·希利在2017年的歌剧《传统的咒语》中，波科诺由吉利安·罗斯（Jillian Ross）扮演。波科诺是一个叙述者，一位受到美洲原住民和日本文化影响的萨满。

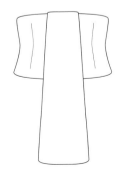

坯布准备

- 由于这件戏剧服装设计是镜像对称的，因此只需立裁出一半的服装。
- 根据该演员身体的尺寸，绘制衣片的尺寸，用来制作坯布准备示意图，该示意图上的尺寸是原尺寸的一半，并根据需要添加合身和款式松量。
- 腰带和前片需要将左右两部分衣片都立裁出来，因为对这一部分进行全面的立裁更容易得到正确的比例。
- 坯布应选择有重量的纯棉斜纹布。
- 撕布、矫正并熨烫坯布，标记纱向线。

人台准备

选择并准备合适的人台：

- 评估身边人台的造型和尺寸，选择其中一个人台，其比例与身穿该戏剧服装的演员的身型和尺寸要尽可能相近。
- 根据需要，使用毛毡包裹人台来调整尺寸。在这一练习中，该演员的腰围比人台稍大，因此需使用毛毡包裹人台，直到达到正确的尺寸。
- 注意人台腰部的黄色标记带。人台的腰位稍高，黄色标记带标记的是演员实际的腰位。这里使用黄色的标记带，避免了与标记款式线的黑色标记带相混淆。
- 使用斜纹带和珠针，或者粘性胶带，标记重要的款式线。这里标记了以下款式线：

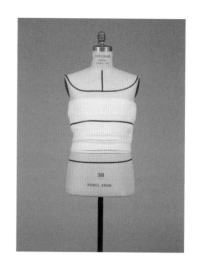

和服腰带的宽度。

领口衣片，划定和服腰带和衣领之间的间距。

- 添加可能需要用到的任一支撑元素，比如填充手臂（参见第135页"检查比例：插画和立体裁剪作品"）
- 回顾"高级定制的十大要点"（第21页），思考可能还需要什么，如打线丁时需要的针和线，或者用来塑型的蒸汽熨斗等。

面料/饰边准备

- 在开始立体裁剪之前，进行多次燃烧测试，来检验质地、颜色和比例。预测经过处理面料的效果，有助于在立裁时确定设计作品的情绪。

巴斯蒂德·蕾伊（Bastide Rey）：通过立体裁剪呈现一种情绪

立体裁剪是凭借直觉进行的，因此，使自己沉浸于特定服装系列的背景之中，有助于使立裁作品具有这一系列的色调。收集创作灵感，如你的标本乌鸦或者盛放的牡丹，收集好工具和材料，将插画和平面草图放置于清晰可见的地方，然后深呼吸，与想要传达的内容建立连接。

我能够感受到那种深沉而强烈的能量，这是我们正在制作的服装系列要呈现的情绪，当然，这种情绪影响着我的作品。

巴斯蒂德·蕾伊于亚历山大·麦昆的设计工作室描述其工作时所说。

我们对生丝面料进行了燃烧测试，既用了明火，又使用了微波炉进行测试。这张图显示了使用明火进行的测试。

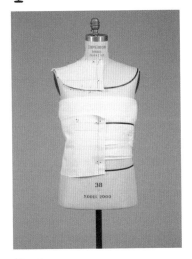

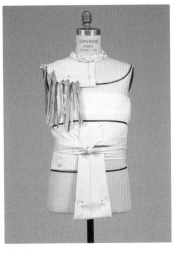

第一步

- 和服腰带立裁：将坯布上的前中线和人台上的前中线对齐，将衣片向后片的扣合处抚平。
- 在侧缝线处立裁出一个浅的省道。
- 将衣领坯布上的前中线和人台的前中线对齐，开始衣领的立裁，将胸部的坯布向肩膀抚平，打剪口并进行修剪。
- 对衣领后片执行相同的操作，在肩膀缝线处使前片压在后片之上。
- 在标记带处将衣领向上翻起下摆。

第二步

- 检查并调整和服腰带的宽度，将和服腰带的上下边缘向内翻。
- 开始和服腰带，前中衣片的立体裁剪，使坯布的前中线与人台的前中线对齐。

  注意：这块衣片尽管是镜像对称的，但进行了完整衣片的立裁，因为其比例较难把握，所以从整个衣片进行立裁时比例的调整会更容易。

- 将前中衣片的边缘向内翻。

第三步

- 进行系带的立体裁剪，在前中线处设计一个有趣的结。
- 完成了结的设计后，调整前中衣片的长度。
- 继续衣领的立裁，在衣领的下边缘添加模拟装饰，并在领口线处进行编织处理。
- 在衣领的下边缘添加装饰有助于你找到衣领正确的边缘，因为衣领边缘与和服腰带的边缘是有关联的。
- 将一面镜子放在离立裁作品3.7米的位置，检查立裁作品，从而提供一个不一样的视角。

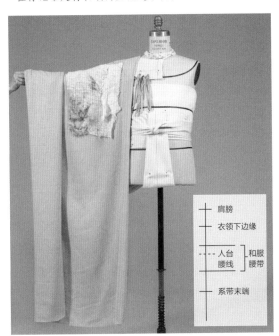

| 肩膀 |
| 衣领下边缘 |
| 人台 和服 |
| 腰线 腰带 |
| 系带末端 |

检查比例：插画和立体裁剪作品

- 立体裁剪时，不断查看插画和平面草图，确保自己朝正确方向前进。
- 根据插画，绘制或描出服装比例作为指导（参见左图内的附图），然后将这张图举到与视线保持水平的位置，并和立体裁剪作品保持适当距离，观察图片的比例和立裁作品的比例是否一致。
- 对立裁作品拍照，在二维平面的角度研究立裁作品和插画。
- 扣合件该怎么设计？采用带钩子便于解系的彼得沙姆丝带来制作和服腰带和系带是否更容易呢？

  在这张图中，进行了实验性立裁，以检查对面料进行燃烧和做旧处理的效果，并确定和服的比例。

和服制版

对传统日本和服的研究表明，这种服装的剪裁十分巧妙，丝毫没有造成面料的浪费。服装的边缘经过翻转提供支撑，各个衣片经过细心连接，使舒适性和实用性最大化，同时兼顾了服装的美丽优雅。从本质上来说，由于一件基础和服其剪裁是非常简单的，因此，根据实验性立裁产生的尺寸，其制版也很轻松。

从这个基本的样板模板开始，根据以上实验性立体裁剪得出的数据调整样板尺寸，进行新设计的制版。

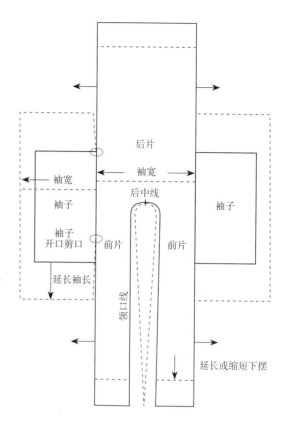

- 衣身宽度：后中线到袖子接缝。
- 衣身长度：后中线到下摆。
- 衣袖宽度：袖子接缝到手腕。
- 衣袖长度：肩膀到袖子末端。
- 对所有衣片进行裁剪并缝制起来，然后放到人台上进行评估。
- 这里，在人台上添加了哈卡马裙裤（hakama）、帽子、假发和鞋，有助于预测最终的服装效果。
- 花时间调整最后的细节并修改比例。

评估

- 参见"评估指南"（第59页）。
- 由于这是一件戏剧服装，务必要考虑舞台距离这一因素。
- 立裁作品的感觉正渐渐显现出来，添加拉菲草饰边有助于使立裁作品向插画靠拢，能使我更好地预测最终的服装效果。上一页图片中的黑色标记带有助于展示服装的构造，检查比例是否正确。
- 衣领的支撑力是否足以承受装饰的重量？
- 前面的蓝色衣片作为视觉焦点是否过于突出？

案例：
根据一幅时装插画进行立体裁剪

根据插画进行新设计的立体裁剪首先需要进行一些背景了解：这是为谁设计的？价格区间是多少？插画师或设计师的创作意图是什么？你是否像蕾伊一样，有一定的自由来决定设计的样式或最终的廓型？或者只能非常严格地按照插画进行立裁？在开始立裁前，最好知道自己处于什么样的位置。

睡袍、胸衣和衬裤套装

睡袍是一种半透明或透明的长袍，这里配上了带束腰的胸衣和舒适的喇叭短睡裤。作为嫁妆，或者蜜月套装，新娘在度假后会穿上这套服装。这就要求这套服装既华丽又舒适，并且做工要达到传世的质量，因为嫁妆本身是要一代一代往下传的，因此嫁妆需要具有这样的质感。

准备工作

灵感来源

• 研究插画，这个造型的灵感来源于好莱坞式的魅力：浪漫，女性化，蛇蝎美人。蕾丝样式表现出性感、风情万种的特点，但是呈现的方式很微妙。

• 灵感缪斯是一个年轻美丽的女演员，她和英俊的新郎一起去阿马尔菲海岸度假几周。

研究

• 研究好莱坞的黄金时代。这一时代始于20世纪30年代，持续至20世纪40—50年代初，当时人们热衷于用看电影来消遣。留意珍·哈露（Jean Harlow）、丽塔·海华丝（Rita Hayworth）和玛丽莲·梦露（Marilyn Monroe）等魅力女星的着装。

• 研究20世纪30—50年代的复古内衣，这些内衣通常通过斜裁完成，注意那些半透明的、薄薄的丝绸，舒适的人体工学，以及那些突出领口线和露背的设计元素。

• 从过去的时代中挑选一些内衣作为参考，测量领口和独特的比例。那个时代的睡裤会有更高的腰线和更丰满的腿部。紧身胸衣风格的上衣会有腰部强调和比现代版本更高的领口。

凯瑟琳·哈根（Kathryn Hagen）绘制的插画。

面料评估

评估：

（1）面料悬垂的视觉质感。

（2）面料的触感（即"手感"）。

（3）面料呈现的情绪和色调。

（4）对面料而言的最佳制作细节。

（5）可能添加的装饰/饰边。

（6）颜色。

参见第28页以查看完整清单。

面料/饰边

对可以用于内衣嫁妆的面料进行一些实验性立体裁剪：

- 真丝绉缎：这种面料手感柔软、垂坠感强，用在这个服装设计中会很美丽。此面料的效果让人联想到好莱坞黄金时期常用的缎面，但如果与轻盈的蕾丝相搭配使用，对于嫁妆服装来说，则可能过于厚重了。
- 查米尤斯绉缎：这种面料对于胸衣和短裤来说是理想的选择，因为重量中等，能很好地通过撑条支撑起来。
- 真丝雪纺：这是制作睡袍的传统面料。如果这种真丝雪纺过于轻盈和透明，那么可以使用真丝缎面雪纺。
- 真丝缎面雪纺：这种面料非常吸引人，具有轻薄、透气且舒适的特点，缎面光泽使其具有半透明的外观。其手感柔软，就像液体一样垂坠，且动态优雅。这种面料常用于制作睡袍，能呈现整套服装的情绪和色调。这种面料也会衬托出蕾丝的精致。

我们选择两种法国蕾丝进行测试，两种蕾丝都很轻盈，能和真丝缎面雪纺很好地搭配。

对于胸衣和短裤育克，需测试粘合衬是否能提供所需的支撑。胸衣可能需要使用更厚重的面料来配合撑条。

面料宽度：真丝缎面雪纺宽114.5厘米。在计算睡袍的裙身接缝时，由于睡袍下摆的摆幅较大，因此必须考虑到面料的宽度。

颜色：插画师所选的颜色效果非常完美。黑色代表着夜晚和神秘，因此非常适合蜜月度假。内衣的奶油金色有一种玫瑰的色泽，能够衬托许多种肤色，而且黑色蕾丝与睡袍能很好地搭配。

平面草图

裙子的裁剪方式是一个问题。我们希望裙身尽可能向外张开，并利用面料的整个宽度。在确定了睡袍的目标长度后，发现做裙身的面料稍短。一个解决方法是从衣身后片的腰线向下裁剪一个"Ｖ"形，这样就能为裙子增加一点但很有用的长度。

坯布准备

- 首先评估哪种坯布最适合用于这个案例中。使用雪纺面料进行立体裁剪，符合插画的外观，而且如果需要制作大量的碎褶，使用这种面料就很重要。然而，雪纺面料不易进行立体裁剪，在这件套装的立裁中，采用轻盈、挺括的坯布能使立裁更容易，因为这种坯布更容易塑造和服式袖子衣身的造型，更容易观察到睡袍裙身部分的平衡感。
- 制作坯布准备示意图，有助于合理地裁剪坯布。
- 撕布、矫正并熨烫坯布，恰当标记纱向线。

人台准备

- 选择一个规格正确的人台。在这件套装立裁中，套装是为标准尺寸的模型而制作的，因此不需要对人台做任何调整。
- 需要一个裤子人台来进行短裤的立体裁剪，和一个填充手臂的人台来进行睡袍的立体裁剪。

胸衣的立裁步骤

首先进行胸衣和短裤的立体裁剪，有助于使睡袍领口线的比例与胸衣的比例一致，睡袍的腰围线与短裤的腰围线保持一致。在立体裁剪过程中，不断检查插画的比例、肩带的位置、领口的深度、蕾丝的宽度、杯罩大小与露腰区域的比例。

研究插画，找出需要强调的地方。插画中是否有些区域比其他部分更加夸张？对手绘线条的细节保持敏感，解读插画的情绪，并体现在立裁作品中。

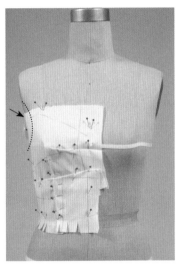 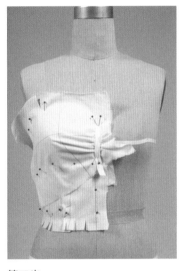 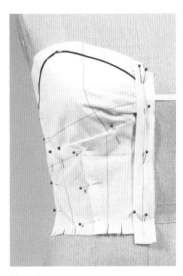

第一步
- 制作胸衣的里衬，将上衣的前中线用珠针固定到人台的前中线。
- 在前中线处制作一个省道，使坯布紧贴人台。
- 在胸部区域向侧边抚平坯布，在腋下区域使面料紧贴人台。
- 对前中下片和前侧片进行立体裁剪。
- 在接缝处使前片覆于侧片之上，使下方衣片覆于上方衣片之上。

　注意：在腋下点处，人台比人身硬，因此要确保衣片紧贴人台（见箭头处）。

第二步
- 进行外层上前片的立体裁剪：将衣片覆于经过省道处理的前片之上，但是现在需要将松量往前中线处拉，以便塑造碎褶。
- 在衣片上固定一段松紧带，以便调整碎褶，并预测碎褶的效果。

第三步
- 使用珠针将下前片固定在上前片之上。
- 使用珠针将包边带固定在前中线处。
- 在上边缘贴上标记带。

短裤的立裁步骤

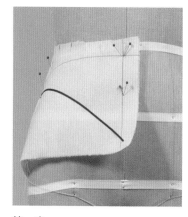

第一步

- 将育克坯布的前中线和人台的前中线对齐。
- 在臀部抚平坯布并固定，根据需要打剪口。
- 使用款式线标记带标记育克的形状。

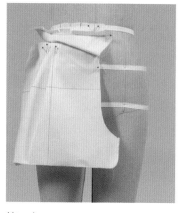

第二步

- 将短裤前片放到人台的前中线，使经向纱线垂直于地面，横向纱线保持水平。
- 在公主线处进行两个塔克处理，向侧边倾斜，使折起的面料远离前中线。
- 在裆部打剪口并进行修剪，然后朝腿的前中线处用珠针固定。

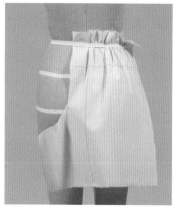

第三步

- 放上短裤的后片，使坯布的后中线与人台的后中线对齐。
- 在腰部系一圈松紧带，有助于调整碎褶。
- 注意：短裤的后片会有一个松紧带套管，所以现在可以开始测试不同宽度的松紧带，以确定最终的宽度。
- 向侧边抚平后片。
- 将裆部上方的多余后中衣片剪掉，留下足够的面料能在裆部和前片接合。

第四步

- 在侧边将前后片连接，平衡饱满度，查看草图，确保立裁作品与插画的外观一致。坯布会比最终面料硬很多，所以如果需要确定面料用量，需观察查米尤斯绉缎的悬垂效果。
- 翻下育克，覆于短裤前片之上。
- 翻起下摆。
- 向上翻起底摆，标记松紧带，完成短裤的后片立裁。
- 向上翻起前片下摆，完成前片立裁。

　　根据这些步骤制作短裤和胸衣的最终设计原型：

- 标记并修正立裁作品。

　　在人台上重新固定，来检查需要修改的地方。

　　将立裁作品转化为纸样。

- 准备试穿样衣。

　　使用新的纸样裁剪试穿样衣。

　　在人台或真人模特身上进行试穿。

　　对纸样进行修改。

- 裁剪并缝制最终的套装。

睡袍的立体裁剪步骤

开始睡袍的立体裁剪之前，请仔细查看插画，确保自己清楚了解设计师想要传达的信息，以及他们想要强调的地方。使用一些短语来表达想要传达的情绪、色调和态度，让自己始终朝正确的方向前进。然后尝试找出插画中那些能唤起这些感觉的元素。是裙身的饱满度呈现的奢华感、是袖子稍长的样式，还是背部的贴身样式？参考你找到的好莱坞黄金时代的图像，深入理解细节或比例。

在立体裁剪的过程中，查阅"优秀设计的十大原则"（第17页），以确保立裁作品有着良好的视觉流畅感和独特的廓型。

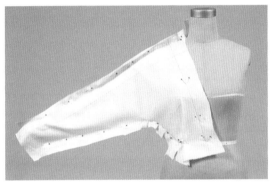

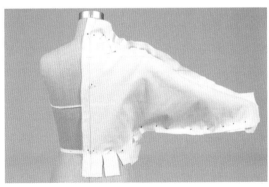

第一步
- 对睡袍的衣身前片进行立体裁剪。
- 在对袖子进行立体裁剪时，思考手臂需要抬起的范围，这一点会决定手臂之下需要用到的面料量。
- 袖子应该稍微朝人台的前面倾斜，模拟手臂自然垂下的样子。这一倾斜会使前片比后片的面料用料少一些。

第二步
- 对睡袍的衣身后片进行立体裁剪。
- 根据需要，可选择将衣身拿开，使裙身的立体裁剪更加自由。
- 将衣身放到桌上，在肩膀接缝顶部和腋下接缝处，将前片缝份量覆于后片上，根据需要打剪口。
- 测试各种不同的角度，直到达到令你满意的平衡感。

第三步
- 对裙身前片进行立体裁剪，将坯布的前中线和人台的前中线对齐。
- 在上臀部抚平纬向纱线，让纬向纱线竖直垂下，使裙身呈喇叭状向外展开。
- 沿着腰线进行修剪和打剪口，使面料平顺、合身。
- 对裙身后片进行相同的步骤。
- 将侧缝线固定在一起。

第四步

- 重新将衣身衣片放到人台上。
- 在腰部将衣身衣片固定到裙身衣片上，衣身衣片的接缝向内翻。
- 使下摆和饰边平行于地面。

第五步

　　检查衣身后片：

- 后中线从颈部到腰部应该平整地贴着人台。
- 当手臂垂下时，袖子应该在袖窿的位置呈现好看的折叠样式。

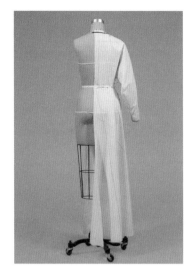

第六步

　　从侧面观察立裁作品，检查平衡感。前片的折叠样式应该比后片更高，因为如果袖子从前面看比从后面看更小的话，立裁作品会更加优雅。

　　注意：此时，可能需要将胸衣的样衣重新放到人台上，以确保两件服装的领口线位置能够很好地搭配。

首次评估

- 在对立裁作品进行标记之前，花些时间在镜子里观察立裁作品，分析自己是否正确地呈现了饱满度，并且从各个角度观察立裁作品是否是平衡的。
- 根据插画检查立裁作品，将插画放到离自己一定距离的位置，使其与立裁作品有相同比例，从上到下仔细观察，再次检查所有细节，将立裁作品与插画进行对比。
- 分析睡袍的情绪和感觉。睡袍是否呈现了插画的情感基调呢？

- 睡袍的哪些元素呈现了正确的情感呢？思考这些元素是否能够进一步放大或调整，以增强情感效果。

标记与修正

- 要非常小心地标记立裁作品以及标记缝区域，如腰部的塔克或松量剪口等，需要特别注意。
- 在人台上重新放置并使用珠针固定衣片，检查是否需要修改。

修改

回顾"高级定制的十大要点"（第21页）。研究重新固定过的立裁作品，观察哪些区域需要注意，并进行优化：

- 是否有拉伸或松量的区域？
- 在服装制作时是否需要撕除样板衣片？
- 睡袍或者胸衣的腰部是否需要彼得沙姆丝带？
- 胸衣的胸下区域是否需要衬垫？

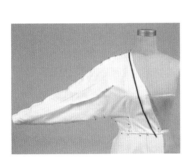

第三步

- 上图中的蕾丝带的一边平直，扇形饰边能够以折线针法缝到面料上，让平直的那一边作为领口线。
- 这种平直边比扇形饰边的效果更好，因为在这种平直边上可以添加包边或者其他的饰边，使其更加稳定。
- 不要忘记测试这些饰边。

第四步

- 在后片对蕾丝带进行立体裁剪，确定其结束的位置。
- 蕾丝带会在肩膀处急转或者倾斜适当的角度在后片延伸下去。
- 如图所示，蕾丝带在后片倾斜一定角度延伸，能解决睡袍后中线的接缝问题。

第一步

- 对睡袍的衣身前片/袖窿区域进行了一处修改。
- 由于手臂自然垂下时会向前倾，因此手臂区域的前片布料应该比后片布料用料少。
- 检查立裁作品并进行测试，看自己是否能进行省道处理并固定（如图所示）。使用更少的面料，使上衣的前片比后片看起来更小，尤其是在手臂垂下来时，立裁作品看起来会显得人更好看。

参见第92页的内容，以便进行修改。

第二步

- 重新固定好的睡袍坯布现在已经可以进行蕾丝装饰的立体裁剪了。
- 有两种不同的蕾丝可以选择，将在坯布上对两种蕾丝进行测试，观察哪一种更加合适。
- 左图中的蕾丝是双边绦带，两边都是扇形饰边。由于睡袍很长，边缘会承载重量，因此像这种具有扇形饰边的蕾丝带可能不适合。

- 修改样板，以便裁剪出镜像对称的后中衣片，然后蕾丝将沿后片的公主线接缝向下延伸。

第五步

在完成这件立体裁剪作品前，回顾"优秀设计的十大原则"（第17页），研究是否可以做一些细微的改动，来提高这件作品的流畅度或视觉协调性。

- 在这件作品上视线会怎样流动？流畅度怎么样？
- 装饰的比重和强度是否与睡袍的比例相匹配？
- 思考如何完善细节。预测一条窄系带作为腰带的效果，然后预测带蝴蝶结和服腰带的效果，思考哪种效果最好。

准备试穿样衣

- 根据立裁作品制作纸质样板（如果这个样板不用来生产，那么可以使用坯布本身作为样板）。
- 仔细标记所有剪口和缝线标志。
- 裁剪并缝制样衣：

  采用机器粗缝衣身的前片和后片以及裙身的前片和后片。

  采用平缝线迹，以手工粗缝的方式将裙身缝到衣身上、缝制下摆、缝制蕾丝。

- 在人台上试穿睡袍后，有条件的话在真人模特上再进行试穿（见下方的步骤），对样板进行其他修改。

  如果需要修改的地方很少，直接对用最终面料制作的睡袍进行裁剪和缝制。

  如果需要修改的地方很多，则可能有必要在调整样板后，再次进行试穿。

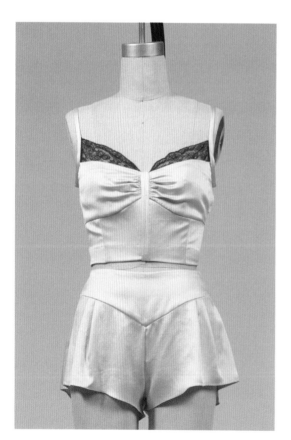

- 检查样衣是否准备好了。

  所有的毛边都进行了处理。

  袖窿和下摆都向内翻，并经过手工粗缝处理。

  在扣合处准备好拉链或按扣等，或者进行手工粗缝。

  熨烫样衣使其平整摊开，但不要留下褶皱或过度熨烫。

- 准备一个"试衣工具包"，最好带有工具腰带方便携带。
- 准备足够宽的试衣间和多面镜子。
- 在人台上进行"预试衣"，以检查明显需要修改之处。
- 选一位模特，其身材尺寸要尽可能接近使用的裁剪人台，并接近你想要的服装尺寸大小。

  确保尺寸数据方便取用，这样在试衣过程中，比如袖长等尺寸有误，你可以将目标服装的尺寸规格与模特的身材尺寸进行对比。

- 在试衣间进行必要的测试和珠针固定，直到你和模特对服装的合身度感到满意。对于时装，使用直针法，对于戏剧服装和针织物，则使用安全珠针。在需要扣合或者精细之处进行必要的粗缝。

在展示试穿样衣的过程中：

- 开始用珠针进行修改或调整之前，先评估样衣。首先从整体外观开始，然后从上到下进行仔细观察，思考可能要做出的改进。
- 在进行调整时，尽可能小心地插入珠针，在需要调整合身度的地方拆开缝合线，只在必要时才剪开面料。

  如果需要额外的面料，可能要小心地进行裁剪和修补。

  手上准备额外的坯布。

  手上准备额外的最终设计面料以进行修补或测试更饱满的效果等情况。

  手上准备额外的蕾丝带或其他装饰。

- 对于最终的设计下摆、裙身和袖子，在调整之前，比较模特的身材尺寸和服装设计的目标尺寸。
- 完善缝线和缝制细节。
- 如果你正在准备拍摄照片，展示各种配饰。

最终样衣

　　将试穿后进行的所有修改意见转移到纸样或坯布样板上之后，以所能达到的最高水平的手艺进行裁剪和缝制，并尽可能遵循"高级定制的十大要点"（第21页）。

评估

将插画和内衣嫁妆套装的最终设计相比较：

（1）回顾你想要追求的服装样式和你想要表达的情感基调。

（2）真丝缎面雪纺和精致黑色蕾丝给人的感觉与插画艺术作品所呈现的魅力和女性化特点相匹配。

（3）预测其他面料在这一服装设计中是否能产生好的效果。有重量的缎面绉纱是一种很好的替代面料，但由于其重量较重，与这款特别轻盈的蕾丝不相配。

"优秀的设计"

（1）视线随着蕾丝而流动，在前腰线和后腰线，都有引人注目的焦点。

（2）回顾历史和文化上的参考：

好莱坞的魅力。睡袍的低领口、夸张的裙摆、前短后长的设计以及那层次丰富的低袖窿，都给人以熟悉的感觉。

（3）其中的现代元素包括改良的短裤造型、胸衣的合身设计，以及蕾丝与睡袍相接处的清晰线条。

最后修饰

如果要拍摄内衣嫁妆套装用于编辑宣传，思考需要添加些什么装饰来突出其情绪和色调。可能一双带小细跟的拖鞋能为身姿增添几分优雅，或者在脖颈佩戴闪耀的珠宝能成为不错的视觉重点。发型和妆容也很关键，有助于确定正确的色调。

第六章
立体裁剪中的二维平面设计应用

目标

最大化二维平面设计的效果。

理解色彩的力量。

学习结合了二维平面设计的创意立体裁剪技术。

练习1: 渐变色、喷枪绘画与新颖染色技术的应用

在探索各种染色技术的同时进行一款夹克的设计。

练习2: 手工制作的二维设计

通过使用二维平面设计技术解决视觉设计问题。

案例: 使用数码印花进行立体裁剪

确定数字印花的正确比例和色彩，以匹配设计的原本情绪和色调。

※ 在 Lesage 刺绣坊，工匠在纸质样衣上进行刺绣设计。

运用二维平面设计进行创意立体裁剪

从古至今，我们一直认为色彩与符号是具有力量的，印花和图案能够引起情感共鸣并被应用。表面设计能传达信息或表达灵感，既可以通过染色、手工绘画和雕版印花等手工制作方法来呈现，也可以借助丝网印花、数码印花和升华印花这些高度现代化的技术来实现。

在面料上添加颜色、进行设计的艺术源远流长。埃及人使用防染技术为制作木乃伊的面料染色。在爪哇岛，蜡染可追溯到6世纪。人们相信，蜡染艺术最初是为了产生某种精神力量，在服装上应用的一些符号可用来表达神圣的含义或用于一些仪式。

埃及的符号反映了他们信仰的诸神，比如安卡（一种生命的象征），美洲原住民在皮革上画符号用于举行仪式。西非不同印花的纺织品代表着特定的角色——猎人、战士、新娘、新郎或孕妇。

各种各样的印刷和制作图案技术让现今的设计师们能够创造出独特的面料。结合创意立体裁剪，表面设计成为讲述服装故事的极好工具：能够营造一种情绪、一种氛围，或者创造出一个角色的视觉形象。

肯尼亚女孩：这种面料有着丰富的历史和图案纺织传统，鲜艳的色彩具有鲜明的装饰效果。

罗达特（Rodarte）2014年秋冬系列中的这些服装设计展示了《星球大战》的大比例数码印花，令人惊艳，营造出一种宇宙风格的感觉。这些另人感到熟悉的图像造成了一种偏见：人人都喜爱C-3PO和R2-D2。

最大化二维平面设计的效果

为了增强情感效果，必须在二维表面设计、面料以及服装设计之间建立一种自然的合作关系。

专注于为色彩、印花或图案寻找灵感来源，确定合适的面料并正确地进行搭配，选择与表面设计相协调的服装设计，绘制不同比例和布局的草图。

灵感来源

专注于灵感来源。对理念和目的要有清晰地认识：这个灵感具有象征性、装饰作用吗？它传达了某种政治信息吗？研究历史，这个灵感过去在何处应用过？找到古代使用的一个符号与其在现代服装设计中的关联。

面料与表面设计的正确搭配

表面设计的故事必须与其面料协调一致。在进行表面设计时，无论是采用质朴的手工制作，如模板印花或手绘，还是采用精细的现代技术，如升华印花，都应该运用预测技能去想象成品设计的效果。

研究面料的视觉和触感特性、情绪和色调，选择最佳颜色。如果表面设计的视觉效果强烈且具有图案，那么就找一种具有强烈视觉效果的、按照经纱方向悬垂的面料。如果表面设计是柔和且抒发情感的图案，那就找一种轻盈的面料，可以按照斜纱方向悬垂，这种面料有助于确定色调，并与其表面设计更加协调。

优秀设计的原则

运用二维表面设计进行创意立体裁剪，不仅涉及精准地选择合适的面料和应用方式，还包括对其进行合适的裁剪设计。

根据你的预测技能，试着采用第151页概述的一些模拟技巧。

尺寸和比例十分重要，因此需要继续研究不同的尺寸，直到找到与服装设计相搭配的尺寸，或者如果你坚持应用二维设计的尺寸，那么就继续进行立体裁剪，直到比例和尺寸相协调。

杰瑞米·斯科特（Jeremy Scott）为莫斯奇诺（Moschino）设计的2016年春夏成衣系列巧妙地运用了"警戒带"的图案，完美地将面料、表面设计以及他的设计理念融合在一起。

理解色彩的力量

对于所有设计来说，理解色彩对心理和情感产生的影响都是最基本的。无论是起象征作用还是装饰作用，色彩都是帮助我们讲述故事、展现情绪、表现色调的宝贵工具。色彩有着悠久的历史、文化和社会含义，因此，在为戏剧服装或时装打造色彩叙事时，有必要意识到这些含义。

在文艺复兴时期，深紫色染料是从一种软体动物中获得的，由于成本极其昂贵，因此只有皇室贵族才穿得起。紫色由此有了"皇室紫"的这一美称，一直以来都具有高贵的含义。从更客观的角度来说，科学证明，色谱的不同波长会影响我们的情感、心理和能量。色彩在深层次上产生的影响，有时仅通过潜意识才能感受得到。

下文对色彩及其特质进行了非常基本的描述。试着进行色彩搭配，改变色相和强度，敏锐地去感受这些改变如何微妙地影响情感和感知。

三原色：
蓝色=精神深度。
红色=身体。
黄色=头脑/智慧。

三间色：
紫色=对神经系统深度放松。
橙色=积极，热情。
绿色=平衡，自然的宁静。

"色彩"通过添加白色使纯色色相变得柔和，营造出更加缥缈的情绪。
玫瑰粉=浪漫爱情。
紫水晶=引起程度最高的灵魂共鸣。

"色度"通过添加黑色产生更加强烈的色彩效果。

靛蓝（最深的蓝与黑色）=激发高度直觉。
土色调（添加了黑色的橙色和黄色）=朴实，安稳。
黑色=具有悠久的历史、文化分量。黑色的色彩强度赋予了其力量感、权威感，以及神秘感。

金属金色=柔和，具有磁性的能量。
金属银色=动态，具有加速的能量。

在服装立体裁剪时测试用于表面设计的色彩

由于表面设计可以作为服装的重点，因此在立体裁剪时观察色彩应用的效果非常重要。
- 尝试用不同颜色的相同面料进行实验性立裁。研究不同颜色所营造的情绪。有些面料采用亮丽、强烈的颜色效果更好，而有些面料则采用柔和、淡化的色调更为合适。

- 立体裁剪时尝试不同颜色组合，有时某一颜色的效果与其他色彩搭配使用时会被放大。
- 进行色彩的平衡实验，可以使用1/2小人台，如观察亮色是在服装的顶部还是在下摆处效果更佳。

运用二维平面设计的创意立体裁剪技巧

运用二维平面设计进行立裁时，将其与立裁过程结合起来是至关重要的，以确保二维表面设计在面料表面上呈现的效果与服装悬垂时的效果协调一致。

立裁时可以有一些进行即兴创作的自由度，或者进行改变的灵活性。在立体裁剪时，某种元素可能需要袖子变得更加饱满，或者需要延长版型，来呈现好的效果，因此二维图案或表面处理决定了立裁的服装参数。

如果对表面设计这种处理方式很熟悉——例如，在之前的服装设计中，在边缘使用过模板印花——可能很容易就能决定尺寸和布局。在根据一种新颖独特的设计理念进行设计时，在立体裁剪的同时，确定哪种模拟技巧最有助于预测服装效果。

作为设计师，在要表达一个具体的画面时，我们的挑战在于将这个画面传达给帮助我们实现的人。

模拟方法是指将表面设计的画面传达给团队，或者传达给完成服装制作的工匠。

模拟技巧

- 在原始草图或平面草图上绘制二维表面设计的不同变化形式（第155页）。
- 在纸质模拟服装上绘制表面设计（见下图）。
- 直接在试穿坯布上手绘表面设计（第179页）。
- 打印出试穿坯布的照片，在复印件上绘制图案，尝试不同的设计想法。
- 手绘或用电脑生成表面设计图案并打印出来，然后将其固定到坯布立裁作品上。通过放大或缩小打印尺寸，尝试不同的比例和大小，并调整表面设计的位置，因为确定了位置将有助于决定图案的尺寸。
- 通过使用数字或升华印花技术，将尺寸为原尺寸一半的变体图案打印在面料上，在1/2小人台上进行实验。

在坯布样衣上采用手工的方式绘制表面设计效果会更好。你的信息越是精确，就越能够准确传达色彩、比例、尺寸、细节和布局，便越能相信可以获得你所设想的效果。

对工匠的指示越具体，最终的成品就越接近设计师的最初设想。在 Lesage 刺绣坊这里，珠饰设计是手工绘制在纸质样衣上的。

这款羊驼绒夹克的两种渐变色测试呈现出截然不同的效果：下边缘颜色较深的渐变给人一种安稳的感觉；上边缘颜色较深、下边缘较浅的渐变则显得更具安全感和力量感。

练习1：
渐变色、喷枪绘画以及新型染色技术的应用

作为"黑暗光芒"系列的一部分，星系夹克是一款紧身波蕾若式或短款夹克。这款夹克衣领高，开度大，袖子偏长，袖子在手部将呈喇叭形向外张开，这种设计参考了"黑暗光芒"系列前卫、华丽的氛围。夹克的制作将采用从原型到立裁的方法（见第三章），加入二维表面设计，最后添加装饰完成设计（见第七章）。

这条裙子由深至浅的渐变效果和淡紫红色的柔和色调营造出神秘、迷人的氛围。艾莉·萨博（Elie Saab），2014年秋冬系列。

星系夹克

灵感来源

• 使用染色技术设计一款呼应这张银河系照片的夹克。

研究

• 研究采用类似染色技术的服装，确定你想要的效果。

• 分析波蕾若式基础款型，选择包含所需设计元素的一个款型。

• 使用参考服装作为样本，向进行染色的工匠展示。如右图中所示，裙子面料经过浸染和喷枪染色处理，使颜色混合，呈现变化效果。工匠推荐使用喷枪与水晶染色工艺相结合，这将使设计作品的清晰度比右图裙子面料上所呈现的渐变色更高。

这条裙子面料的宝石色调染色效果与"黑暗光芒"灵感板相得益彰。

• 经典的渐变色技术（第151页）是将作品浸入染色浴中，然后冲洗，并重复该步骤，服装的顶部避开不染。每次浸染服装时，减少染色部分，以实现渐变效果。

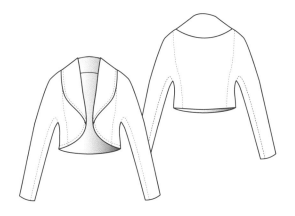

平面草图

- 使用这些草图来决定纱向、接缝和制作。

面料/饰边

- 使用实验性立体裁剪的方式来确定面料的选择。这里我们选择了覆盆子色双面横棱缎，并在测试后进行了砂洗处理，使其柔软一些并具有更多孔隙，具备类似麂皮的质感。

这件夹克的试穿样衣模拟了染色过程，以供参与制作的工匠查看。附图：作为波蕾若式夹克设计起点的原型。

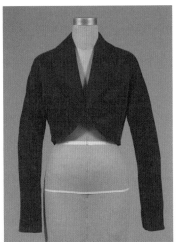

把夹克染成深石榴红的基础色。

工匠采取多种技术最终使外观呈现出星系的感觉。

坯布准备

- 根据所选择的夹克原型绘制一张坯布准备示意图（如图所示）。

立体裁剪中的二维应用

- 这款夹克的制作采用从原型到立裁的方法。第一步是回顾可用的夹克原型，找到一款款式足够接近，可以作为设计起点的原型。
- 如果你没有这样的原型，找到一件款式尽量接近服装成品的夹克，并采用立体裁剪的方法制作一件新的原型（第81—85页）。
- 制作一件夹克的试穿样衣，包含最初灵感中的元素：
  衣领——开度大、领子高。
  略微呈喇叭形向外张开的长袖。
  高袖窿，夸张的肩膀高度。

- 进行染色测试，首先在坯布上进行染色，然后对测试面料染色，最后对最终设计面料布片进行染色。
- 染色后，将染色后的布片固定到夹克上，有助于预测夹克的样式，并测试色彩的位置，以确定夹克上颜色较浅或较深的区域。
- 夹克经过裁剪缝合后，送至工匠那里进行染色。夹克的底色会染成深石榴色。
- 接下来使用喷枪和手绘打造出不均匀的旋涡效果。由于衣领上要添加装饰物，因此未进行处理（第172页）。
- 拿到染色后的服装后，缝上垫肩、夹克里衬，添加纽扣和扣眼。

手工制作二维设计

最初,二维表面设计是手工绘画技术,如直接在面料上作画、使用模板印花和雕版印花。

在需要呈现手工制作、质朴自然的外观时,可以采用这些传统技巧。

织锦歌剧斗篷

准备工作

灵感来源

- 设计师为歌剧《传统的咒语》设计这套戏剧服装需要遵循导演的风格指导,从多种文化和时期汲取灵感,打造一种"新语言"。这款服装的二维表面设计将呈现刻意模仿18世纪末的织锦效果。

研究

- 确定手工制作二维表面设计是设计项目所需的效果后,研究手绘、模板印花和雕版印花的效果。
- 在研究了以下两个示例,即手绘和手工模板印花之后,选择了雕版印花技术用于制作这款歌剧斗篷。

面料/饰边

- 使用实验性立体裁剪的方法来确定面料的选择,这里选择了人造棉罗缎。
- 进行进一步的测试,确保所选面料与所选的表面处理方法相适配。在测试了一些要采用的图案后,发现罗缎略带罗纹的质感、几乎无孔隙的表面和重量使其成为雕版印花的完美选择。

上图:艺术家罗宾·德·维克(Robin de Vie)手绘的玫瑰。采用手绘(在布料的背面进行绘制)使玫瑰呈现了非常丰富的质感,而选择天鹅绒这一材质使布料看起来更有深度。

左图:这一模板印花是用X-Acto刻刀在蜡质模板纸上手工雕刻,然后放置在面料上,最后使用织物颜料和平头刷小心地进行模板印花。

平面草图

- 使用平面草图来规划合适的比例和制作细节。
- 左图中，表面设计已经以两种不同的比例呈现出来。大比例图案（斗篷的右侧）更为合适，因为这件用于舞台上的戏剧服装要求从远处就能看清。

立体裁剪中的二维应用

第一步

准备材料：

- 用于印刷的经手工裁剪的雕版（如图所示，三种尺寸）。
- 用于测试的面料。
- 画笔和金色颜料。
- 用于清洁的海绵、水和毛巾。

第二步

- 使用画笔，仔细涂抹雕版的表面。通过测试效果来决定颜料的厚度。

第三步

- 标记面料（参考用画粉做十字标记），确定雕版的放置位置。
- 将雕版翻转，置于面料上方，并轻轻按压。
- 快速拿起雕版，注意不要做任何移动或扭动。

第四步

- 检查表面设计，确定合适的颜料密度。

第五步

- 每次印刷后，用海绵和水清洁雕版。
- 重复这个过程。

第六步

- 一旦完成雕版印花，分析是否需要放大图案，使人们能在离舞台一定距离时仍看得见。如果有条件的话，将印花拿到舞台上，在灯光下观察。
- 确定是否需要添加其他手工绘画或视觉重点。这里为了测试而准备的材料有：

  金箔作为装饰重点。

  标准亮片。

  黑色施华洛世奇水晶。

> 打造纹理最好的方式是混合使用多种技术。如果观众不需要辨认出使用的材料是什么（是水晶、颜料还是珠子），会给戏剧服装带来一种神秘感。
>
> 多米尼克·蕾蜜儿丝
>
> （Dominique Lemieux）

在与多米尼克·蕾蜜儿丝合作一个太阳马戏团（Cirque du Soleil）项目时，我因见识到一件戏剧服装的设计竟能够采用那么多不同技术而大为震撼。多米尼克擅长混合使用多种媒介，达到非常新颖和独特的效果。

这里展示的是成品戏剧服装。上述元素都被添加到了外套前面的雕版印花上，增添了戏剧服装的深度和纹理，在舞台上呈现良好的效果。

评估

- 参见"评估指南"（第59页）。
- 遵循评估指南评估雕版印花在戏剧服装上的效果，然后预测如果你应用其他类型的二维表面设计的最终效果。

做好准备

为了获得最好的效果，在开始一个新项目时，请遵循以下所有步骤。

准备工作：

- 灵感来源。
- 研究。
- 面料。
- 平面草图。
- 坯布准备。
- 人台准备。

案例：
使用数码印花进行立体裁剪

对数码印花连衣裙进行立体裁剪的挑战在于找到印花与面料之间的完美搭配，然后还需要找到印花面料与连衣裙设计之间的完美搭配。

我们的目标是增强最初灵感的情绪和色调。参考过去的服装，如这个案例中的黑色电影服装元素，对实现这一目标就非常有帮助。

黑色电影风格的连衣裙

黑色电影（Film noir）是起源于20世纪40年代的好莱坞电影制作的一种特殊风格。这种电影具有神秘感，描绘谜团、阴影、黑暗的小巷、疲惫的侦探以及危险却美丽的女性等。这款连衣裙符合"黑暗光芒"系列的情绪：华丽、刺激、神秘、未知。

准备工作

灵感来源

- 一款20世纪40年代流行的原创印花，适合转化为黑色电影风格连衣裙上的图案。
- 复古的亚克力扣，符合那一时期的风格，可以融入到设计中。
- 灵感缪斯是劳伦·白考尔（Lauren Bacall）在《逃亡》（*To Have and Have Not*）中的形象，或者是芭芭拉·斯坦威克（Barbara Stanwyck）在《双重赔偿》（*Double Indemnity*）中的形象，都是时髦，略带危险感的女性。

研究

- 深入了解黑色电影：女演员、场景、灯光和道具。
- 研究20世纪40年代的面料和印花的色彩。
- 人造棉绉纱是20世纪40年代的标志性面料，让那个时代的连衣裙充满动态感，营造出轻盈、性感的外观，寻找这种面料在当下的应用。
- 寻找其他有助于塑造这个时期风格的装饰或饰边。
- 运用参考服装寻找设计灵感，包括服装呈现的态度、领口线和袖子的类型。
- 参考这些尺寸：裙摆的幅度，20世纪40年代风格的肩膀宽度和高度。
- 分析人体工学：
  这个时期的服装款式是什么样的？是非常合身的还是宽松的，或者有标准的松量？
  确定黑色电影风格服装的哪种平衡感和比例使得这种服装具有高辨识度。

面料/饰边

- 进行实验性立体裁剪，以确定面料的选择。
- 注意，某些数码印花技术要求面料至少含80%的合成纤维。
- 寻找具有20世纪40年代的人造棉绉纱那种带紧身效果的面料。
- 从花卉汲取灵感设计印花图案。
- 确定印花的比例和重复方式，并与数码印花公司合作，制作印花测试样本，从中进行选择。别忘了使用最终设计面料进行测试。

这款原创手绘印花的风格是20世纪40年代的典型代表，其色彩包括了独特的番茄红、宝石绿和黑色。

平面草图

- 使这些草图来帮助决定纱向配置。使用最终面料进行实验性立体裁剪,以确定裙子是按照斜纱还是经纱方向进行裁剪。

面料

- 在平面草图上附上主面料和里衬的布片。注意面料的宽度。
- 找到支撑元素:里衬和粘合衬;垫肩、裙撑和基础胸衣。
- 接缝:根据需要采用1/2小人台进行立裁。决定是采用包边还是侧拉链。
- 制作:是否需要真实的腰带?或仅设计一个假的包边?

坯布准备

- 决定坯布的重量。这种标准的轻型坯布不会像最终要使用的绉纱那样柔软,但其柔软度足以用来制作碎褶和瀑布褶。通常来讲,使用坯布会比使用最终的面料更容易,特别是处理如斜裁袖子这样棘手区域的接缝。
- 撕布、矫正、熨烫坯布,并标记纱向线。

人台准备

- 选择具有正确尺寸规格的人台,本案例中应选择具有标准试衣模特尺寸的人台。
- 根据需要应用支撑元素,如垫肩、填充手臂。
- 仔细选择适合人台的垫肩。尝试寻找或制作符合20世纪40年代服装廓型的垫肩——略微呈S曲线型,在肩部中点稍微下凹,这与20世纪80年代的垫肩有很大不同。

🗝 立体裁剪步骤

- 将插画和平面草图放在附近,确定其处于你的视线以内。
- 如果有条件的话,在一面镜子前进行立体裁剪。

- 花点时间使自己集中注意力,想象你的灵感缪斯,并感受你想要表达的态度。

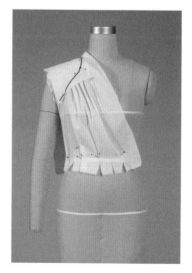

第一步

- 从衣身前片开始立体裁剪,确定纱向线。
- 在这里,由于布料边缘需要经纱的强度,所以经纱将会沿对角线放置。如果经纱竖直下垂,前片布边则是斜纱,往往使面料拉伸。
- 打造碎褶,覆盖胸部区域。
- 在腰线处打剪口,使坯布贴合人台。
- 在公主线区域添加一个塔克褶。

第二步

- 打造连衣裙的育克。用标记带标记款式线。
- 再次查看草图,确保育克曲线是正确的。

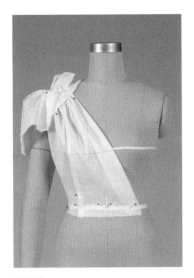

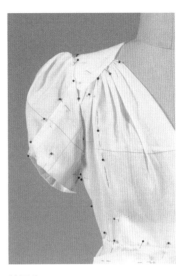

第三步

- 开始对袖子进行立体裁剪，从中间袖片的袖山着手，根据需要参考第84页的"袖子立裁顺序"。

第四步

- 添加袖子前片和后片继续对袖子进行立体裁剪，努力与中间袖片保持平衡。

第五步

- 完成袖子的立体裁剪。
- 对衣身前片进行修改，缩小饱满度。具体修改方法，请参见第92页的示意图。

第六步

- 衬裙将按照斜纱方向立体裁剪，因此开始立裁时，需要将斜纱与人台的前中线对齐。
- 用珠针固定前中线，在臀部抚平坯布，使侧边形成向外张开的喇叭形。
- 同样沿斜纱对后片进行立体裁剪，从后中线开始，向侧边抚平坯布，和前片一样使坯布在侧边向外张开（未在图中显示）。
- 连接侧缝，将前片固定在后片之上（未在图中显示）。

第七步

- 对罩裙进行立体裁剪，将坯布的斜纱用珠针固定在前中线上，打造向外张开的瀑布褶，腰部以上可保留多余的布料，以便打剪口并确保修剪后布料能够自然下垂形成瀑布褶。
- 按照图中箭头所示，向腰线打剪口。

第八步

- 测试不同饱满度瀑布褶的效果。修剪瀑布褶外边缘的曲线，使之与罩裙整体协调平衡。

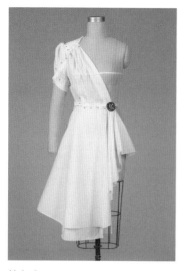

印花缩放测试

通过数码印花技术打印出花卉印花，并在坯布立裁作品上测试三种不同尺寸的印花样片。

- 最上面的印花图案是最小的，接近印花插画的原始比例大小。
- 第二张上的印花图案过大。
- 最下面那张尺寸中等的印花图案最为清晰。
- 我们使用最小比例的印花，因为这个尺寸看起来最接近20世纪40年代的黑色电影风格。

第九步

- 确定搭扣与瀑布褶的相对位置。搭扣应该看起来像是瀑布褶面料的源头，将其紧紧固定在一起。
- 整理罩裙使其平整，完成向外张开的瀑布褶立裁。
- 向上翻起衬裙的下摆（未在图中显示）。

第十步

- 对瀑布褶的边缘进行最终的修剪来完成罩裙的立体裁剪。
- 标记衬裙的下摆线。

标记与修正

- 小心地标记并修正坯布立裁作品。
- 对第五步中用珠针固定的衣身部分进行修改（见上一页）。
- 使用新样板裁剪并缝制一件试穿样衣。

试穿样衣

- 下一步是在人台上检查试穿样衣，并且继续测试印花图案。
- 用最终设计面料缝制试穿样衣，检查样衣的悬垂效果和动态感。
- 对上衣部分进行的修改很成功，并且效果很好。
- 在最终设计面料上测试印花图案的色调和比例。
- 在观察每种印花图案时，运用预测技巧"想象"这些印花图案在成品服装上的效果。
- 人台右侧的两种印花图案看起来更符合那个时期的风格，而且颜色很漂亮，但并不完全符合危险、大胆的黑色电影缪斯的气质。
- 人台左上方的印花图案用于选择颜色，左下方的图案用于确定图案大小。

样板和印花数字化

在完成印花尺寸和色调的测试与选择后，印花将应用在最终设计面料上。可选择的方法是在整张大布料上印花，或者将样板数字化并且只印刷所需的部分。由于第二种方法更节省墨水成本，我们将采用第二种方法，并且计算出所需的额外缝份量，以供调整或修改之用。

- 扫描各个样板并进行数字化处理，将它们逐一拼接起来，或者将样板送至服务商，使用大扫描仪来处理大尺寸样板衣片。
- 制作标记图（如裁剪示意图），在面料上仔细排布印花图案，以节省空间。
- 采用数字化技术，将印花打印在样板上。
- 打印每一张样板。
- 裁剪并缝制连衣裙。

最终设计面料上印好了衣身和袖子上的印花图案。

评估

- 参见"评估指南"（第59页）。
- 这条连衣裙具备黑色电影的风格，黑色和红色是迷人而性感的颜色，结合宝石绿色呈现出20世纪40年代经典的复古色彩。
- 想象灵感缪斯：你能想象出劳伦·白考尔（Lauren Bacall）穿着这条裙子破解一桩谋杀案吗？

第七章
运用三维立体装饰进行立体裁剪

目标

添加反映设计师风格的装饰来增强设计的情感效果。

研究装饰的目的和来源。

研究清晰地把理念向其他设计师和工匠解释的技巧。

识别并归纳装饰类别。

在创意立体裁剪过程中开发装饰。

练习1：**立体裁剪中的技术融合**

在立体裁剪过程中融合电子装饰。

练习2：**装饰模拟测试**

对经立体裁剪后的连衣裙应用各种各样的模拟技术。测试装饰的尺寸、比例、位置和颜色。

案例：**装饰开发**

遵循克里斯特尔·科赫尔（Christelle Kocher）的装饰物设计流程，展现了解个人手艺的重要性。

※ 在阿尔伯特·菲尔蒂（Alberto Ferrett）模拟连衣裙上添加蕾丝、花朵和树叶。

一件简单而美丽的服装本身就具有优雅的特质。添加三维装饰后，设计效果就会增强，因为视觉和触感质地的加入带来了美感和情感的共鸣，使得设计呈现出全新的风格。

正如历史或文化中的参考服装，装饰也能带来偏见。或许一件胸前有许多褶皱的衬衫会让你想起祖母，或者添加一些宝石作为点缀就能带给服装以宝石特有的迷人魅力。经扭转后的面料、用珠子穿成花朵、一片有刀褶的三角形面料，都能成为一个引人注目的焦点以及情感纽带。

添加装饰可以强烈地反映设计师的风格，也能够放大灵感。装饰的设计也要凭借直觉。因此，装饰与立体裁剪一样，是非常个性化的，是设计师独特美学的三维表达。

运用装饰进行立体裁剪往往依赖于手工艺，需要花时间、集中注意力，并找到一个独特视角才

三维装饰物

可能的装饰形式包括：

- 绗缝/贴花、刺绣以及其他经针线处理的装饰。
- 布料处理，如刀褶、塔克褶和多线抽褶。
- 珠子和亮片装饰。
- 应用羽毛、金属以及其他饰品。

能很好地完成。本章介绍了将装饰融入立体裁剪过程的各种工具，以确保效果良好，并增强设计的艺术感。

Lemarié 羽毛：孔雀毛杆、鸭背毛、天堂鸟羽毛、藏马鸡羽毛。

装饰物的目的与起源

三维装饰对于所有设计作品都具有深远的影响，通常为作品带来情感力量。在已知最早的服装上就出现了装饰，添加装饰的原因有多种，例如：

- 表达某种精神或象征意义。
- 具有保护的属性，这种装饰可以为人们提供实际的保护，或者满足人们寻求保佑的心理。
- 展示财富或地位，或作为阶级标志。
- 作为一种装饰艺术，与传统手工艺相搭配。

许多文化出于表达精神或象征意义的需求而应用装饰品。美洲原住民部落文化将鹰视为最高级别的鸟类，认为它与天堂相连。因此，他们用鹰的羽毛装饰服装，象征着勇敢、强大和神圣。

有较高社会地位的、即将成为新娘的威什拉姆女性会佩戴角贝，类似象牙的壳，取下这些壳就代表着她们已为婚姻做好准备。在现代文化中，许多女性在婚礼上仍选择佩戴珍珠和白色蕾丝——象征纯洁、天真和希望。

三维装饰也因其具有保护的属性而得到应用，无论是在生理上还是心理上的意义来讲。通常，胸部等脆弱部位会添加较重的珠子、刺绣、铸币或金属制品。这种类型的装饰无疑是胸甲和盔甲的前身，为佩戴者提供了真正的身体保护而免受攻击。

美洲原住民威什拉姆女性佩戴精美的新娘头饰、珠饰鹿皮裙、项链和由角贝属动物的壳制成的价值连城的耳饰。威廉·柯蒂斯（William Curtis）摄于1910年。

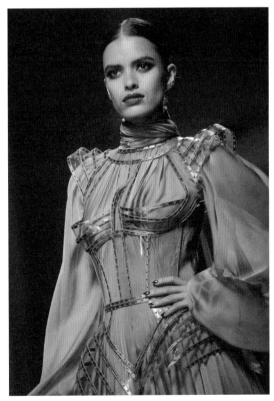

让·保罗·高缇耶（Jean Paul Gaultier）在2009年秋冬高级定制设计中，融入了一种精致的金属装饰，其风格和造型模仿传统盔甲。这种装饰具有一种保护的属性，只不过这种保护更多的是心理上的保护而不是生理上的。

数百年以来，军人会用勋章和丝带"装饰"服装以表示其军衔和成就，每个勋章都代表着特定的军种或功勋。

传统上，皇室的服装通常是非常华丽的，并镶有宝石，在举行仪式的场景中，身着华丽的服装可以显示他们的财富、地位和身份。

添加装饰的服装也可能仅仅是为了追求一种美感。人们认为服装装饰是一种装饰艺术，既美观又实用，而不是仅作为一门视觉学科的美术。

与你的工匠沟通

设计师与制作装饰的公司的合作有着悠久的传统。卡尔·拉格斐（Karl Lagerfeld）与Lesage刺绣坊和Lemarié 山茶花及羽饰坊的合作就是一个范例。在打造我的蓝花楹连衣裙时，我自己也与Park Pleating工作坊进行着合作，为服装添加刀褶装饰和表面纹理。与工匠建立相互依赖的关系，使设计师与工匠的社群建立联系，扩大了进行创造的圈子。这是作品踏入先锋派艺术领域的关键，先锋派艺术是令人振奋的新造型和新技术的演化，这些造型和技术来自一群志同道合的艺术家，他们相互启发并在彼此的想法基础上进行创作。

这种共生关系成功的关键在于沟通。尝试使用各种模拟技巧，找到最有效的方法。表达的内容与自己想要的越接近，结果便越令人满意。

虽然尽可能多地了解设计中要用到的工艺知识固然重要，但同样重要的是，为跟你合作的工匠提供足够的创作自由。因为他们是工艺领域的专家，他们往往拥有良好的设计感，能给出很好的建议。设计师与工匠的良好配合可以激发出创意。

亨利八世装饰华丽的服饰旨在使来访的皇室贵族和贫民印象深刻并产生畏惧感。

图为卡尔·拉格斐为2016~2017年系列与Lemarié 山茶花及羽饰坊合作开发的装饰品，这一系列在古巴哈瓦那的街道上展示。这是设计师与工匠合作的范例，是装饰艺术领域杰出作品。

装饰的种类

历史上出现的装饰品具有明确类别，而在当代设计中，装饰的目的则更为错综复杂。纯粹为了艺术和装饰效果而创作的饰品可能蕴含更深层的象征意义，也可能具有微妙的保护属性。制作一件珠饰刺绣高定连衣裙可以仅作为一件装饰艺术品，但人们穿上这件服装时，显然就表现了穿着者的经济地位。

无论是将哪些装饰类别相组合，装饰都强烈反映了设计师的个人风格。

缝制品：绗缝、贴花和刺绣

绗缝，也就是将两种布料缝在一起，中间夹上一层衬垫的技术，这种技术可以追溯到古埃及。在12世纪，战士在他们的盔甲下穿着经绗缝的服饰，使人穿起来感到舒适，并起到保暖和保护的作用。

最先到美国定居的人推广了绗缝技术，起初是为了保暖，后来却成为一种装饰艺术。绗缝常采用贴花技术来实现：将一块布料放在基础面料之上进行明线处理。19世纪50年代，独特而美丽的美国阿米什被子的出现使绗缝技术达到其巅峰，这些被子如今仍被视为珍宝。

绗缝的目的是多样的。经绗缝的布料从视觉上反映了其制作群体的特点，既具有保暖作用，也是一种装饰艺术。

以下两位设计师绗缝风格的差异很有趣。瓦伦蒂娜·玛丽·齐埃索（Valentina Marie Kiisel）的风格抒情而传统，使用花卉图案以及柔和而鲜艳的春天色彩。娜塔莉·查宁（Natalie Chanin，第168页）使用大地和矿物色调来表现现代抽象造型。

约2001年瓦伦蒂娜·玛丽·齐埃索制作的一床贴花被子。

通过上图这款现代被子能看到18世纪发展起来的贴花艺术——在布料上缝制多层其他布料的细节。

处理方法和装饰

处理方法是指对主面料的三维运用，而装饰则是向面料添加三维元素。
- 包括绗缝/贴花、刺绣和其他需要经针线处理的装饰。
- 珠子和亮片装饰。
- 面料处理，如刀褶、塔克褶和多线抽褶。
- 应用羽毛、金属以及其他饰品。

如今，绗缝是慢时尚的最佳体现，是精湛的手工艺和利用小片多余面料的巧妙结合，或者像娜塔莉·查宁（Natalie Chanin）那样，创立一家公司，利用回收的 T 恤转化为实用且美观的服装。

刺绣艺术，即在一块成品面料表面缝制线条图案的技术，人们认为这种技术起源于中国。新的刺绣技术由弗利吉亚人首创，然后传给了罗马人和希腊人。最早的罗马刺绣是服装布边的对比色布料片（这很像贴花技术）。在所有服装都还是手工缝制时，需要高度复杂技巧的刺绣却几乎应用于所有类型的服装上。各种形式的刺绣艺术几乎在大多数文化的所有阶级中都有数百年的历史。

这件阿拉巴马·查宁（Alabama Chanin）连衣裙是反向贴花的范例，呈现出一种较粗犷的手工缝制样式，其层次丰富、细节精美，非常引人入胜。

面料处理方法：刀褶、塔克和特殊缝纫

刀褶及如塔克或多线抽褶等特殊缝纫技术，是能增添立体感的装饰。工匠和专业的缝纫公司不断开发新型而富有启发性的面料处理方法，供设计师融入到他们的作品中。

右侧第二张图：2006 年，卡罗琳·齐埃索（Karolyn Kiisel）设计的蓝花楹连衣裙，Park Pleating 公司制作了杏色日出刀褶三角形布料。

右图：复古纯棉连衣裙，配有多重塔克。

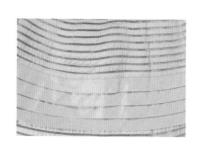

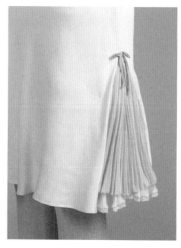

珠子与亮片装饰

珠子的制作历史可以追溯到公元前3100年，埃及人通过烧结黏土、石灰、苏打和硅砂制作珠子。到了1200年，玻璃珠已在宗教物品上应用，直至1770年，查尔斯·热尔曼·德圣－奥班（Charles Germain de Saint-Aubin）的著作《国王的设计师》（*Designer to the King*），记录了复杂精细的刺绣技术以及他所处时代中刺绣技术的社会价值观、工作条件和审美观念。

中国时装设计师郭培的装饰作品在复杂度和细节上令人惊叹。珠子和亮片是她打造具有冲击力的纹理和造型时不可或缺的一部分。她的成功得益于数百位经验丰富的工匠，他们为她的设计作品制作刺绣，而这些设计作品只提供给她的个人客户。

郭培的装饰品是中国文化中最精美装饰艺术的范例，这些装饰品同时蕴含着象征意义。她在作品中经常应用的龙是中国古代文化中力量、强大和吉祥的象征。

三维应用：羽毛和花卉

将羽毛、花卉、金属铸币或别针等立体元素添加到面料上，可以营造引人入胜的视觉效果和情感态度。这些装饰可能引起文化偏见，也有可能像山茶花成为香奈儿的标志一样成为一种象征符号。

Lemarié 山茶花及羽饰坊与克里斯特尔·科赫尔（Christelle Kocher）

19世纪80年代，Lemarié 工坊在巴黎众多羽毛工作坊中享有至高无上的声誉。他们取天堂鸟、苍鹭、天鹅、孔雀、鸵鸟等鸟类的羽毛，进行清洗、染色、修剪和卷曲等处理，装饰当时的高级时装。后来他们又采用花卉作为装饰，用如欧根纱、薄纱、皮革和天鹅绒等材料制成大丽花、牡丹、兰花和玫瑰。

20世纪60年代，可可·香奈儿（Coco Chanel）选择了 Lemarié 工坊为她制作标志性山茶花，证明了 Lemarié 工坊在工艺上的卓越声誉。1996年，Lemarié 工坊被时尚品牌香奈儿收购。如今，许多当代设计师都与 Lemarié 工坊合作。

郭培，《龙的传说》系列，2012年。

进入21世纪，Lemarié 工坊依然发展繁盛，广受赞誉，它以创新方式制作美丽的羽毛和花卉，应用多种有趣材料，包括塑料、报纸、水晶，以及半宝石。

科赫尔是一位当代法国设计师，她致力于探索将"高级"与"平凡"相结合、将传统与现代相结合的可能性。从她具体的设计工作上来讲，就是将奢华面料、装饰与街头时尚相结合。这一大胆且有些"不恭"的理念，已经在一些设计师的作品中发展了一段时间，他们通过一流工艺将那些运动装或街头服装带入高级时装领域。

科赫尔的设计工作给人以启发，因为她能够扎根于自己最擅长的领域。处于 Lemarié 工坊的环境，有大量样品可供科赫尔研究，也有大量的羽毛和宝石供她选择，这种环境以及她对巴黎街头服装的嗅觉滋养了她独特的设计风格，培养了她创作出新颖独特、丰富多彩、迷人美丽系列作品的能力。

创意立体裁剪和装饰开发

装饰必须全面地融合于服装之中，在装饰、面料和服装设计之间达到自然且相辅相成的平衡。理想情况下，装饰、面料和服装设计应当同时进行设计，使三者相协调；在外观上，要和造型和制作风格相协调；主观上，要与设计的灵感相协调。

在创意立体裁剪过程中，开发装饰包括两个步骤，第一是开发工作，确定哪些元素能最好地表达设计灵感，同时呈现最有趣且互补的效果。第二是制订计划，思考如何将你的想法传达给工匠们，选择一个能最好地展现创意想法的模拟技巧。

关键在于要进行大量的测试和实验，并清晰地表达你的想法。在开发一个三维装饰时，回顾"设计师的目标与愿景"（第10页）有助于将装饰的效果最大化。

找到焦点

回顾主题、情绪或灵感板：

- 这个装饰是否加强了主题或情绪，并拓展和明确了色调？
- 对目的要有清晰的认识：装饰有象征意义吗？有保护属性吗（比如用于保暖的绗缝）？是否有微妙的政治含义，还是只是用来装饰？

进行研究

- 收集与装饰相似的文化和历史图片。

了解优秀设计的原则

研究和分析：

- 这个元素是否能成为焦点？
- 装饰会如何影响服装的制作，如接缝和比例？
- 是否会影响面料表面的完整性或手感？

建立人体工学

了解：

- 服装的尺寸与预期的装饰比例或尺寸之间的关系。

认可慢时尚的道德观念

- 合理的情况下，尽可能地使用公平贸易劳动力和可持续材料。

应用高品质工艺

了解自己的工艺：

- 尽可能多地了解将用于设计的工艺技术。
- 尽可能多地向工匠表达你所期望的效果。
- 欢迎工匠进行反馈，追求卓越的工艺，并给予他们一定的创作自由。

由 Lemarié 工坊制作的著名香奈儿山茶花，具有各种颜色，由各种材料制作而成。

立体裁剪中的技术融合

星系夹克（第152页）的情绪和色调、人体工学态度以及珠光色调的水晶染色法，其灵感都来自"黑暗光芒"主题中的NASA星空和宇宙旋涡图像。

看到染色后夹克之后，我想更进一步，通过添加"星星"装饰，来加强外太空的神秘之美。

星系夹克

准备工作

灵感来源

- 我在夹克上添加星星的灵感来自于：研究水晶制的装饰品，再次查看NASA的照片，并想象我想要的夹克在昏暗房间中呈现的模样。
- 找到灵感的那一瞬间，我回忆起一次观看米娃·马崔耶克（Miwa Matreyek）的现场表演。该作品将她的投影动画和她的影子相融合。整场表演充满了活力和欢乐，有一种优美柔和的抒情性，还有一丝怪诞，令人惊奇。
- 为了表现该艺术表演的本质特征，设计作品必须具有深度和神秘感。通电后点亮的"星星"需要另一个装饰来巧妙地遮住灯泡、平台（即控制面板）和电线。因此，有必要地进行一些立体裁剪和测试，对不同面料采取不同的处理方法，有助于打造与电子装饰元素相协调的造型。

研究

- 研究带有电子灯光的服装图片，留意那些你认为会产生好效果的元素。
- 研究用于隐藏灯光和电线的面料处理方法。

面料/饰边

- 测试装饰面料：这些面料必须是轻盈的，这样才符合太空的感觉，但要遮住电子组件，面料也需要是不透明的。
- 对雪纺和欧根纱进行直裁和斜裁的实验（第172页）。这种夹克珠光色调的透明面料具有三维深度，可用来将电子器件盖住，并且为衣领增添一个柔和、感性的元素。

这是艺术家米娃·马崔耶克提供的图片，来自她2010年现场演出的《神话与结构：清晰生活的梦境》。

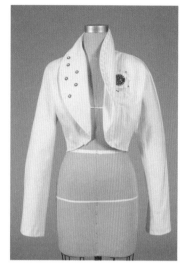

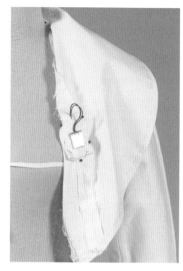

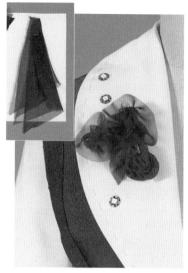

⬛ 立裁步骤

第一步

- 使用星系夹克的坯布试穿样衣（第153页）。
- 用坯布制作一个口袋，用来放置灯泡的平台。
- 因为夹克外将进行大量装饰，所以开关和电池必须位于内层，因此我们决定将位置确定在翻领的内侧。
- 需要有一个开口，使电线能够穿过夹克，公主线接缝可以作为这种开口。标记开口位置。
- 灯光的位置需要确定，可以在样板上标记其位置。

第二步

- 通过立体裁剪，制作一个口袋来装电池，并标记其位置。
- 修正和标记坯布之后，在样板上标记电池、平台和灯光的位置。

第三步

- 现在再次核对灯光、电池组件和平台的位置。
- 如图所示，测试用于制作装饰的珠光色调面料。

第四步

- 如图所示，夹克已经采用最终的设计面料缝制，并进行染色（参见第六章）。
- 缝制电子平台。
- 使用带电线的导电线缝制灯泡。

步骤5

- 现在须用翻领装饰将电子设备覆盖住。
- 使用之前作为灵感测试过的玫瑰花饰和雪纺布条，即兴制作翻领上的装饰。
- 手工缝制珠光色调的斜裁雪纺布条，遮住电线，并使灯光通过透明纱闪闪发光。

评估

- 参见"评估指南"（第59页）。
- 在昏暗的房间中检查技术方面的问题，因为在灯光开启后拍摄的照片无法很好地显示，如果有条件的话，在模特身上试穿样衣。此时装饰是否足以成为一个情感重点？
- 装饰是否华丽独特，是否达到了遮盖灯泡和电线的目的？
- 回顾米娃灵感图片的视觉效果。这个装饰是否表现了你想要表达的情绪？
- 想象灵感缪斯，思考服装是否仍和你想象中的情境相符。

练习2：
装饰模拟测试

对于本例中复杂的装饰项目，运用正确的模拟测试技巧是非常重要的，因为会有两位工匠制作三种装饰：精致蕾丝、树叶刺绣和立体花朵。

作为设计师，你越能清晰地向工匠传达装饰的比例、尺寸、色彩、细节、位置等方面的信息，你就越能有把握获得想象中的效果。

阿尔伯特·菲尔蒂（Alberta Ferretti）花卉连衣裙

这件连衣裙的美在于合体的蕾丝上衣、流动的长裙以及精致装饰之间的优雅平衡。所有这些元素必须和谐统一，这个复杂的组合才能呈现好的效果。

准备工作
灵感来源

- 阿尔伯·艾尔巴茨（Alber Elbaz）的"时尚是力量、柔弱和诗意"是我的灵感来源，与我的"插花"灵感板相呼应。
- 阿尔伯特·菲尔蒂这件充满诗意的连衣裙，装点了坚固而柔弱的精致装饰，穿着者好像刚从森林中走出来，用花朵和藤蔓将自己装饰。其中的装饰物具有保护的属性，但这种保护是心理上的，而不是生理上的。

研究

- 研究其他设计师制作的应用这种花卉元素的服装。
- 参考服装：浏览带有宽大雪纺下摆的裙子，计算出对这种裙摆进行立体裁剪所需的面料量。

模拟技巧

- 为脑海中想到的立体装饰制作多种实体样品。尝试使用珠针、胶水或其他简单的技术，探索处理面料或其他材料的独特方法。有经验丰富的工匠可以在以后对其进行改善（第179页）。
- 在原始的草图上画出三维处理方法的不同变化形式。
- 在服装纸质模拟的样衣上画出立体设计（第151页）。
- 在试穿坯布样衣上手绘装饰（第179页）。
- 打印试穿坯布样衣的照片，并在打印的图片上进行绘制，尝试不同的创意。

- 为三维装饰的样品或草图拍摄照片，然后打印出来固定在坯布立裁作品上。尝试以各种不同的尺寸进行打印，运用这些尺寸来确定位置，位置的确定也有助于你确定三维装饰的尺寸（第179页）。
- 采用数码或升华印花技术，将装饰以原三维装饰尺寸的一半打印到面料上，将面料放到1/2小人台上进行实验。

面料／饰边

- 实验性立体裁剪：查看不同重量的雪纺或乔其纱，确定裙子的面料选择。
- 收集各种可以制作装饰的材料和饰边。

平面草图

- 绘制三种装饰类型的草图：蕾丝质感、树叶刺绣、立体花卉。

坯布准备

- 绘制一张坯布准备示意图。
- 撕布、矫正并熨烫坯布，恰当标记纱向线。

人台准备

- 准备人台：在人台上贴上款式线标记带，与草图一致。贴标记带时，仔细研究灵感照片，想象负空间，这有助于造型的塑造。
- 调整人台以符合T台模特的比例：
  将腰围线下调1.3厘米，使背后的领口线到腰线的后中线更长。
  在人台腰部添加衬垫，使腰部线条更平顺。
  使用黄色标记带贴在腰围线处，这样你在进行立体裁剪时不会混淆。

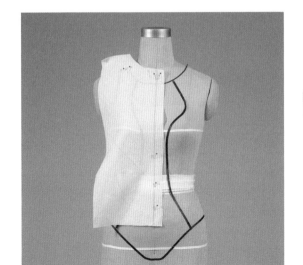

标记带使用指南

在开始立体裁剪之前，在人台上沿款式线贴上标记带是一个有用的技巧。不过，在打造最终造型的时候，不要忘记立体裁剪时做的决定是凭直觉的。不要让自己被这些标记带束缚手脚，只需将这些线条作为大概的指导，为你的立体裁剪开个头，根据立体裁剪过程中的需要，可以随时调整标记带的位置。

衣身的立体裁剪步骤

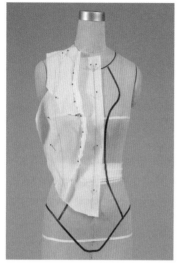
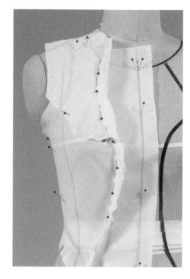
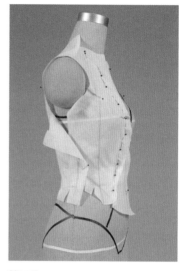

第一步

- 将坯布的前中斜向纱线与人台的前中线对齐，并用珠针固定。

- 将前侧线处竖直向下的坯布斜向纱线固定起来，然后在胸部和袖窿处别上一个小塔克（大约1.3厘米）作为松量，如图所示。

- 将坯布向后绕，包裹人台，将坯布抚平。

- 此处的关键是要注意人体工学。衣身按照斜纱方向立裁，所以可能有些贴身，但这件上衣必须要留有一定的松量，一方面穿上更舒适，另一方面是为了让面料有流动感。

- 我们不会将这些塔克缝起来，这些褶会成为缝线处的松量。这意味着在标记立裁作品、在样板上标注松量以及正确缝制服装时会花费更多功夫。不过，最后呈现的效果会让你觉得之前的辛苦都值得的：衣身会更加合体，袖窿处更贴身，还能够在胸部设计造型。

第二步

- 对后片进行立裁，使斜向纱线竖直向下。

- 在这张图中，坯布向前包裹人台时，发现不够长。尝试以不同的方式调整坯布的角度，如果仍然不行，那么这部分则必须进行拼接。

珠针的别法是一门艺术

花时间精准、平顺地使用珠针固定。第一次将面料反面固定到一起时，使珠针保持平行，在将前片覆于后片之上后，让珠针垂直于缝线来固定。工具尽量不引起人的注意，这样就可以专注于服装造型的塑造。

立体裁剪时在坯布上打补丁

在处理斜裁衣片时，规划确切的尺寸有时很困难。必须跟随身体的曲线，一边进行立体裁剪一边决定尺寸大小。

当立体裁剪进行到一半时，如果面料不够长，不要浪费时间，或停下来中断进程，去重新裁剪衣片。只需以交叉针脚在坯布上缝补上一小块布料，然后继续进行立体裁剪。

*至关重要的是，补上的那块布料的纱向必须与原来面料的纱向一致。

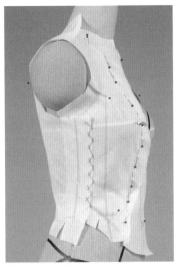

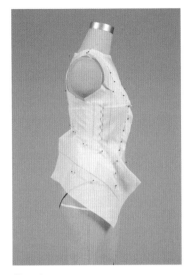

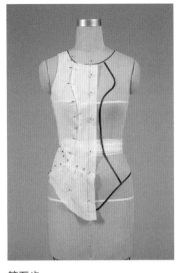

第三步

- 将后片绕到前面，与前侧片相连接。
- 将两片面料叠在一起，抚平面料，并用珠针固定。
- 使用交叉针脚将两块面料缝在一起，然后继续立体裁剪。

第四步

- 对下侧片进行立体裁剪：放上下侧片，使其包裹住人台前部。贴合衣片时注意要符合人体工学；沿斜向纱线进行立裁能很好地包裹髋骨。
- 在这张图中，我不得不稍微下移背面的标记带，以得到想要的造型。在最终确定该衣片的位置之前，再次检查人体工学（第176页）。

注意：在参考人台上已经贴好的款式线时，请记住，更重要的是关注你正在塑造的造型，根据需要，可以在款式线之外进行立体裁剪。

第五步

- 给前、中、下片贴上标记带。
- 检查所有款式线来完成衣身的立体裁剪。
- 将所有的缝线向内侧翻转，使前片覆于后片之上。

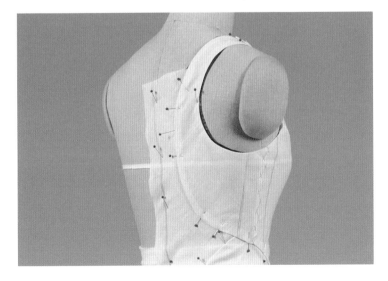

第六步

- 在袖窿和领口线处打剪口并内翻坯布。

裙身的立体裁剪步骤

第一步

- 开始裙身的立体裁剪：将坯布的斜纱与人台的前中线对齐。
- 沿着衣身前片下边缘，将裙身固定到上衣上时，在半裙的上边缘打剪口，使上边缘贴紧衣身。
- 继续在侧缝区域固定裙身。

第二步

- 将坯布的斜向纱线与衣身后片的后中线对齐，开始对裙身的后片进行立体裁剪。
- 向前片抚平坯布，并将侧缝连接起来，向前片留大约12.5厘米长的坯布。

第三步

- 在侧缝处将前片覆于后片之上，完成裙身的立体裁剪，根据需要进行修剪。
- 现在裙身上边缘的缝份量已经往内折叠并用珠针固定到了衣身上（见下图）。

在坯布立体裁剪作品上做装饰模拟

- 绘制花朵装饰，绘制粗略的草图即可。
- 以不同的比例进行打印，如图所示，分别打印出小号、中号和大号的花朵图案。
- 按照菲尔蒂的服装设计作品照片的位置，将打印的纸花固定在连衣裙上。
- 为了帮助预测花卉装饰成品的效果，可以对其中一些进行上色。
- 后退一步，从远处或在镜子中观察裙子，确定三种不同比例的花朵装饰中哪一种的效果最好。
- 我们最后选择了中号花朵装饰。

- 标记并修正立体裁剪作品。制作纸样，或使用立体裁剪用的坯布衣片作为样板。
- 用轻薄的坯布裁剪出上衣，使用雪纺布裁剪出裙身，这些面料与最终设计面料重量相同，以便查看立体裁剪效果。
- 以选定的尺寸打印多份模拟装饰的纸样，用珠针固定到衣身上，以便确定装饰的位置。

带有模拟装饰的试穿样衣

- 与制作最终装饰的制作工坊或工匠合作，向他们展示模拟装饰并详细描述你想要的效果。
- 可选项：制作一个立体的花朵，使模拟装饰花朵更接近预期的效果，并用珠针将模拟装饰花朵固定到衣身上，有助于预测效果。
- 请工匠为你制作几种花朵样品供你选择。
- 完成连衣裙的设计，可能还需要另外两个"外包"步骤：
  请专业蕾丝制作公司打造精美蕾丝图案用于衣身。
  请刺绣工坊进行树叶刺绣制作。
- 在左图中，使用直接在坯布上手绘的模拟技术，精确地展示了所需蕾丝和树叶的比例和风格。
- 如图所示，最终的连衣裙样衣上有立体花朵和手绘的模拟装饰，准备展示给将要制作装饰的工匠。

评估

- 参见"评估指南"（第59页）。
- 从远处观察连衣裙，拿出灵感照片对两者进行比较。检查比例和装饰高度，确保能够呈现正确的情绪和基调，同时不会压住连衣裙轻盈的面料。
- 立体裁剪作品是否传达了"力量、柔弱和诗意"的感觉？

由克莱尔·弗雷泽（Claire Fraser）制作的手绘树叶、蕾丝以及立体花朵。

案例：
装饰开发

　　将装饰设计制作为实物不仅需要预测技巧来"想象"成品的效果，还需要掌握将其制成实物的工艺知识。克里斯特尔·科赫尔（Christelle Kocher）作为 Maison Lemarié 工坊的设计总监

积累了多年的经验，对装饰这一媒介有着深刻的了解，使她能够打造出本章末尾展示的精美装饰设计。

克里斯特尔·科赫尔与 Lemarié 工坊的装饰设计

　　克里斯特尔·科赫尔受到纳里·沃德（Nari Ward）艺术作品的启发，设计制作出第187页上的精美吊带背心。这是一件引人注目又美丽的作品，其成功、复杂且与众不同的珠子和羽毛装饰密不可分。之所以效果出奇的完美，是因为她精通工艺知识，并熟知 Lemarié 工坊所使用的技术。另外，由于科赫尔经常与 Lemarié 团队合作，因此在工匠制作的过程中，她能够信任他们对于细节所做的决策，并在他们运用工艺技术时给予一定的创作自由。

　　以下是克里斯特尔·科赫尔从构思到完成其2017年春夏系列T台造型的过程。

Lemarié 工坊展室的样品。

准备工作
灵感来源

- 科赫尔的灵感来源于这件艺术品中彩色鞋带所产生的情绪：这些鞋带的配置所形成的图案、鲜活灵动的色彩、悬挂在墙上的运动趋势以及他们作为日用品的熟悉感。
- 科赫尔设计作品的核心原则之一是展现相反事物之间的对立关系，结合"低"和"高"。在这里，"低"是指鞋带的实用性，"高"则是指 Lemarié 工坊对于羽毛和花卉制作的高级手工工艺。

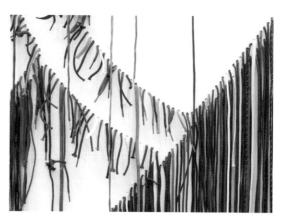

纳里·沃德的《美国公民的叙事》（2011年）艺术作品的一部分。

研究

- 研究目前该类型装饰最常见的制作方法，为制作装饰做准备。全面了解这些工艺过程很重要，这样你就可以在需要提升的地方提高工艺水平，甚至在作品中做出精妙的改动，而这些细节是在没有全面了解工艺的情况下是不会被注意到的。参观工作室，与工匠讨论工艺，并对完成你追求的造型所需的技艺进行欣赏。
- 找到参考样品来确定设计的色调，并确定其可以修改，以便符合自己所设想的比例、色彩和细节。

Lemarié 工坊的展示样品。科赫尔会查看这些样品，以便找到有用的技巧或时髦的装饰，这些技巧和装饰作为参考样品，有助于传达她的设计想法或者获取灵感。

小练习

注意：开发制作自己的装饰设计，可遵循克里斯特尔·科赫尔的制作过程作为：

- 寻找灵感。
- 为装饰设计选择要使用的面料。
- 准备各种材料用来制作装饰。

- 确定装饰的制作方式，使用你能够达到的最高工艺品质。
- 对新设计进行立体裁剪，并按照步骤完成样衣裁剪，在适当阶段添加装饰。

Lemarié 工坊是有着丰富工具和材料的宝库。这里有一整面墙都是金属模具，很多都非常古老，有些相对较新，随时能够制作出设计师能想象到的各种花瓣样式。

一系列带木柄的模具。

另一系列模具。

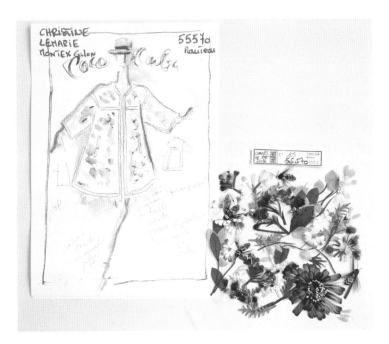

研究其他设计师的作品能带来灵感，并且还能更多地了解相关工艺的细节。这是一个卡尔·拉格斐使用过的样品。

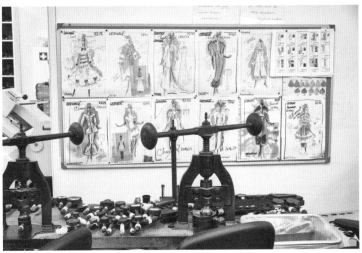

桌子后方可以看见压模，以及卡尔·拉格斐绘制的草图。

需要手动将模具放入压机中，模切机则对每朵花进行了单独切割。

Lemari工坊中的每一朵花都是逐瓣手工制作的。

这张图上，采用了花瓣亮片来手工制作一朵标志性的香奈儿山茶花。

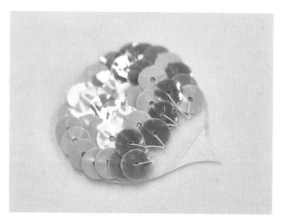

首先，一片片地将花瓣手工缝制起来，然后再塑造成卷曲形状。

其次，使用酒精灯加热带木柄的金属成型球。

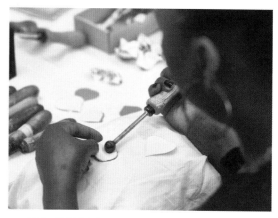

最后，将花瓣压在垫子上，并使用加热过的金属成型球使花瓣弯曲，达到合适的卷曲度。

用于为花瓣塑形的各种工具有：成型球、钩针、刀片。

香奈儿亮片山茶花成品。

开始制作科赫尔的装饰样品：首先裁剪羽毛。

将羽毛的尖端浸入胶水中。

将一小簇羽毛通过手工缝制在真丝薄纱（雪纺）基础面料上。

小心地对羽毛进行手工缝制。

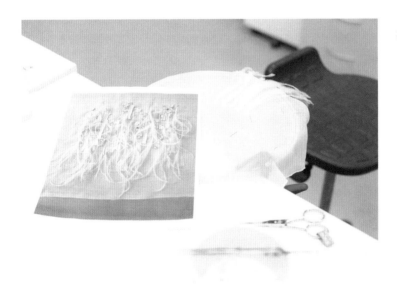

小装饰样品已经通过钩针式刺绣完成，准备呈现给克里斯特尔·科赫尔。

立裁步骤

第一步

- 已经在人台上完成了吊带背心的立体裁剪，标记、修正、裁剪并缝制成试穿样衣。
- 在研究了该装饰设计所需的比例和尺寸后，Lemarié工坊承包制作珠子和羽毛装饰。

第二步

- 检查由Lemarié工坊完成的装饰样品的总体外观、颜色、比例、装饰密度。
- 装饰的间隔和密度效果很好；明亮、活泼的颜色呼应了纳里·沃德作品作为灵感的感觉。
- 工艺制作堪称完美。

第三步

- 将完成的样品用珠针固定到立裁作品或试穿坯布上，测试其装饰在服装上的位置。注意装饰的长度和珠饰结束的位置。
- 检查色彩平衡、珠子和羽毛的大小、比例、密度、体量和饱满度。
- 记录需要做出改变的地方，然后与工匠沟通。
- 在完成样品前，再次回顾最初的灵感来源，使装饰符合预期效果。
- 在这一阶段，向Lemarié工坊提供任何对样品的修改意见。装饰的位置将在吊带背心样板上标记，并采用标记缝的方式转移到吊带背心的最终设计面料上。然后，使用最终设计面料裁剪的吊带背心各个衣片，或者一整片足以用来裁剪吊带背心的面料，将再次送至Lemarié工坊，用于生产。

这件吊带背心成品于克里斯特尔·科赫尔2017年春夏系列时装秀上亮相。该秀展示了克里斯特尔将高级定制元素与街头风格相结合的设计理念，时装秀在全新的巴黎中央市场（Forum des Halles）购物中心繁忙的大厅展出，此大厅也是地下购物中心和Châtelet–Les Halles地铁站的出口。

评估

- 参见"评估指南"（第59页）。
- 这件服装设计在T台上的展示能够使我们从远处观察这件服装。这件作品具有视觉冲击力，并且成功实现将Lemarié工坊的奢华元素和街头风格结合起来。宽松裁剪的裤子与添加了装饰的贴身吊带背心形成了很好的对比。
- 材质：面料呈现好的效果。它柔软并且具有一定的流动感和垂感，使羽毛具有纳里·沃德的鞋带作品的动态感。
- 装饰：珠子和羽毛具有视觉冲击力，从远处看其尺寸和比例的效果都很好。
- 拍摄一些照片，研究并比较T台上的成品与立体裁剪作品。

胸部区域非常合身。

上边缘的柔和、"V"字形很好地呼应了下摆的造型和整体柔和、有曲线、女性化的吊带背心气质。

肩带看起来靠得有点近，将吊带稍微沿吊带背心上两侧的边缘移动，外观看起来会更协调，更符合人体工学。

吊带背心的长度现在刚好到臀部最丰满的部位。长度如果稍微短或长几厘米，看起来可能会更加好看。

- 裤子和吊带背心的面料在质感和手感上相搭配。面料和装饰的色调柔和，服饰搭配效果好。
- 记一些笔记。
- 绘制基于这个造型产生的其他想法的草图。

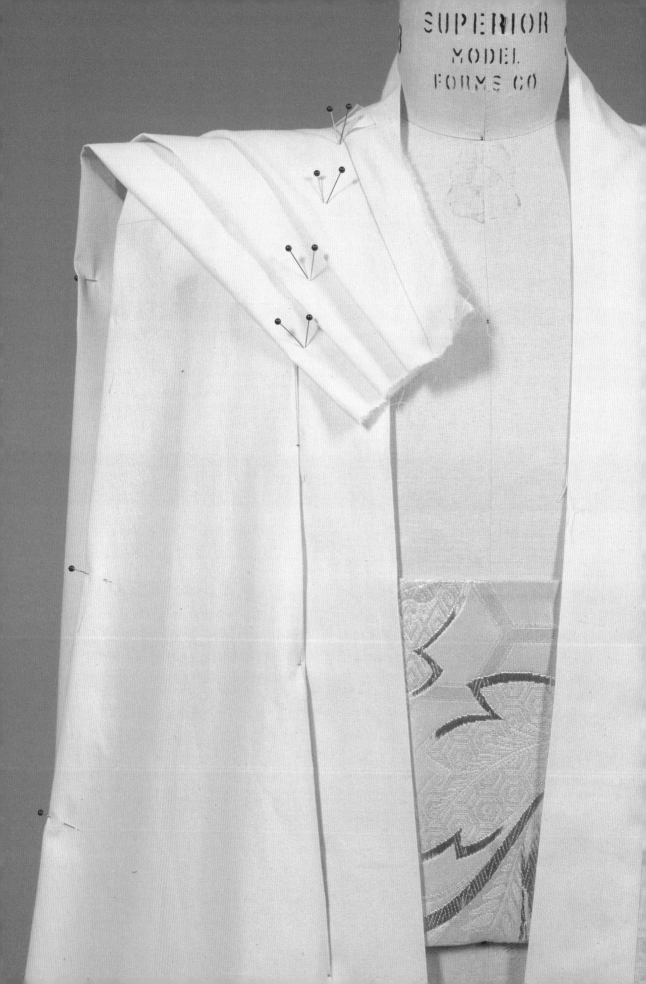

第八章
戏剧服装设计的立体裁剪

目标

结合创意立裁的目标、工具和技巧，来设计一件戏剧服装并进行立体裁剪。

了解戏剧服装设计的各个阶段。

练习1: 在1/2小人台上的设计开发

快速进行立体裁剪，以测试构图、色彩平衡和视觉色调。绘制立裁的草图来激发最终戏剧服装设计的想法。

练习2: 实验性立体裁剪

采用实验性立体裁剪技术确定出最终面料的选择，以便确定剧场服装的正确搭配。

练习3: 即兴立体裁剪

采用即兴立体裁剪的方法解决设计过程中的问题。

案例1: 小步舞者戏剧服装

结合各种立体裁剪方法的应用来为一个特定角色设计戏剧服装。对戏剧服装进行立体裁剪和制作，根据整体剧目的色调评估设计效果。

案例2: 博马舍戏剧服装

结合各种立体裁剪方法的应用来为一个特定角色设计戏剧服装，重点在于呈现戏剧性的外观，产生夸张的情感或心理效果。

※ 在成品织锦和服腰带之上为博马舍这一角色进行肩衣的立体裁剪。

戏剧服装设计师构思、开发并创作剧目或表演所需的服装。戏剧服装设计在于打造角色，讲述故事，通过确定色调、营造氛围、用质感和色彩的编织来呈现观众的想象。

戏剧服装设计是一项协作性工作，不仅要与演员合作，还要与导演、编剧、美术指导、编舞师、视觉效果团队以及发型师和化妆师合作，有助于打造剧目的创意风格或色调。

在戏剧服装设计的立体裁剪中，需要采用比制作单一服装更多样的方法，并且需要制作许多角色的戏剧服装，或者某一个角色的不同戏剧服装，这些戏剧服装由不同部件、配饰和道具组成，所有内容都会影响最终的效果。这些元素必须结合起来，形成一个完整的画面，给予戏剧服装设计以活力。

由于设计师通过对角色风格进行的诠释来讲述故事，因此进行原创性的诠释非常重要。原创性能够培养具有自己独特风格的戏剧服装设计师，创作出的作品有辨识度且令人难忘，使这些设计师备受追捧。

打造戏剧服装

在戏剧服装设计领域，常用"打造"一词，指的是在剧场现场制作戏剧服装的传统方式。演员可能首先会拿到一些基础衣片用以排练，因为他们需要习惯穿着紧身胸衣、大裙摆或长和服。一旦基本戏剧服装样式确定，就会添加其他的衣片和配饰，随着演员打造其角色的深入，其身上的服装也在逐渐"打造"起来。

当戏剧服装是被"打造"出来而非从外面租用或购买时，之前介绍过的所有方法都可以用于戏剧服装的设计和开发中。

戏剧服装设计师多米尼克·蕾蜜儿丝（Dominique Lemieux）是太阳马戏团原创团队的一员。她在公司初创时期便开始绘制那些奇异、与众不同的戏剧服装设计，她专注于塑造强大、古怪的角色，帮助公司定义了风格。这幅插画由多米尼克·蕾蜜儿丝绘制，请注意其中独特的纹理，这成为她标志性的设计优势之一，图中的人物是2019年《欢乐颂》中的太阳马戏团表演者阿莱格里亚（Allegria）。

运用所有创意立体裁剪技巧

- 实验性立体裁剪。

  为设计开发评估面料。

  为导演或美术指导呈现研究板或展示板。

  在人台上评估面料并进行选择，运用一对或一组戏剧服装面料来预测效果。

- 即兴立体裁剪。

  用于设计开发和细节研究。

- 从原型到立裁的方法。

  使用原型作为快捷方法。

- 使用 1/2 小人台进行立体裁剪。

  探索复杂的制作方法和接缝。

  检查某个时代的服装廓型。

  处理色彩平衡和焦点。

  将服装分成一组进行观察。

- 根据插画进行立体裁剪。

  重现插画的比例。

  呈现插画的情绪和色调。

- 利用二维表面设计进行立体裁剪。

  测试比例和尺寸的重要性。

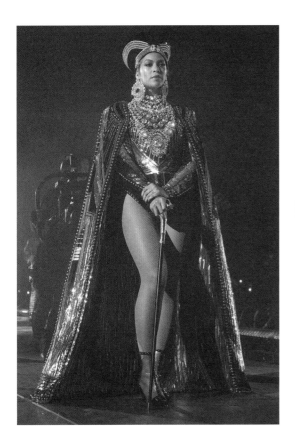

- 利用三维装饰进行立体裁剪。

  运用装饰的情感和象征含义，为角色的戏剧服装增添深度。

戏剧服装设计的目标和愿景

"设计师的目标与愿景"（第 10 页）应用于戏剧服装设计时有以下重点。

找到焦点

灵感源于充分理解剧本、角色以及服装要传达的内容。

结合研究和参考服装

- 了解剧目的文化和历史背景。
- 从经济和创意的角度理解自己的设计背景。
- 激发原创想法，并帮助团队理解你的设计理念。

认识优秀设计的原则

- 戏剧服装中色彩产生的情感、心理影响更重要。

建立人体工学

- 分析导演预期的合身类型，并将这些内容传达给演员。

认可慢时尚的道德观念

- 在面料和劳动力选择上不违背良知，保持警惕。

应用高品质工艺

- 了解自己的工艺。
- 了解你的立场。无论是整体预算还是缝纫工的技能，都必须掌控好你的资源。

高质量戏剧服装

戏剧服装的质量将取决于预算。服装设计师的一个非常重要的技能是了解制作现实的预算方法，能够准确地计算面料成本，评估所需团队的大小，以及其他用于外部专业服务的费用。一个经过精心计算的预算可能使你能够拥有采取额外步骤的自由，能够采用高水平的工艺。

2018 年，碧昂丝（Beyoncé）在科切拉音乐节的主场表演。夸张、前卫的巡演服装带来了丰富和流行的灵感。

戏剧服装设计的阶段

在本章中，我们会根据戏剧服装设计的各个阶段，遵循从设计到生产的过程，为两个角色制作戏剧服装。本章戏剧服装设计涉及的角色包括小步舞者和博马舍，两者都出现在一个梦境的场景中。小步舞者是一个怪诞的角色，负责合唱，在剧团里跳着芭蕾舞的舞步在其他演员之间穿行。博马舍是一个历史人物，有其政治主张，同时也是一位音乐家、外交官，是法国社会以及路易十五宫廷中备受尊敬的一个人。

所有的戏剧服装设计案例都将遵循系统化流程，这是很有帮助的。全面遵循系统流程并拒绝采取捷径将帮助你完成最好的戏剧服装设计。

戏剧服装设计的阶段

1. 灵感概述
• 收集研究图片和参考服装。
2. 与导演在视觉效果上达成一致
• 了解您的角色。
• 准备各种展示板：面料板、颜色板、理念板。
3. 设计开发
• 在1/2小人台上进行立体裁剪。
• 用各种面料进行实验性立体裁剪。
• 即兴立体裁剪。
4. 最终插画和平面草图
• 绘制最终插画。
• 制作团队绘制的平面草图、技术草图。
5. 打造戏剧服装
• 与演员见面，获取尺寸。
• 进行立体裁剪、制作服装、制作试穿坯布样衣。
• 为使用最终面料制作的所有衣片的试穿做准备。
• 配件和道具。

灵感概述

戏剧服装设计的最初灵感来自剧本或歌词。除此以外，加上导演的要求，将为这个设计案例提供一个基本的路线图。

导演给出的要求有：

• 混搭具有时代风格的参考服装，创造一种"新的视觉语言"。
寻找幻想与现实之间的平衡（正确的历史时期与架空时期之间的平衡）。
• 色调：高度夸张（在能剧和18世纪末的风格中都应用这种色调）。
• 情绪：令人敬畏和惊奇。
• 剧目价值描述："脆弱、瘦高、有点虚幻"。

与导演在视觉效果的设定上达成一致之前，让想象沉淀一下，让自己的灵感聚焦。在日志中记录自己希望在制作戏剧服装时看到的颜色、情绪和色调。为角色创建情绪板，包括戏剧服装的各种元素。

细节板：研究18世纪末手腕和胸饰的处理方法，以及梦境场景的一般调色板。

打造真实的时代戏剧服装

克里斯汀·艾泽德（Christine Edzard）是金沙工作室（Sands Studios）的创意总监，该工作室里有一座罗瑟希德图片研究图书馆（Rotherhithe Picture Research Library）。她认为，要呈现真实的外观，并制作出一件"感觉"是某个时代的服装，唯一的方法是复制当时所用的技术。她的理念是详细研究某段历史时期的参考资料，并复制技术而不是改良技术。

她为《小杜丽》（*Little Dorrit*）设计戏剧服装时，采用当时的技术来制作服装，因此服饰外观真实，并由此而闻名。

展示研究图片

精心选择研究图片至关重要，这些图片可以：

- 说明剧目的文化和历史背景。
- 在进行设计开发时使用视觉方法来阐明你的设计理念。
- 向团队中的其他成员阐述设计理念。

灵感图片：18世纪末的风格与日本能剧风格

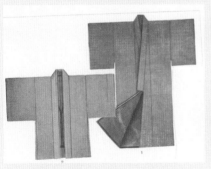

以顺时针方向从左上角开始分别是：1794年身着奇装异服的年轻人；18世纪末的女性；1791年法国拉法耶特侯爵（Marquis de Lafayette）；2016年7月13日在纽约时代华纳中心观世乐剧场举行的《老翁》演出；1878年，日本武士穿的正式上衣和下裳；传统的日本和服。

参考服装

参考服装有助于磨炼你对一件产品的人体工学的感知，并且还能协调你与导演和团队中其他成员对视觉效果的要求。

收集不同比例的和服，有助于让我专注思考戏剧舞台上应该呈现的服装尺寸和体量。

与导演在视觉效果上达成一致

在与导演会面之前，仔细研究剧本、进行场景分析、记录快速做出的改动并重复需求。

- 与美术指导会面，讨论剧目的总体基调：
  协调布景与戏剧服装之间的色彩理念。
  讨论灯光效果及其对戏剧服装的影响。

- 开发"角色板"，发现：
  角色的态度或性格特征。
  体量、造型、廓型、假发、配饰、道具。
  夸张的尺寸或焦点、重点。
  伏笔：暗示未来故事元素的戏剧服装元素。

- 计划采用何种面料和制作风格：
  制作色彩、质地和细节板来帮助落实灵感。
  制作计划：思考预算、资源、裁剪需求、特殊缝制需求、染色等，并运用色调和质地的变化顺序来讲述故事。例如，第一幕：在森林中，火车失事，色彩和质地是质朴、沉稳、深色的。第二幕：梦境场景，幻象，轻盈面料，优雅的欧根纱外层，透明面料，淡彩。

设计开发

为每一个角色开始设计戏剧服装时，从前几章提到的技巧中汲取灵感来激发创造力。一些练习都能有所帮助，如对各种面料进行实验性立体裁剪、在1/2小人台上进行立裁、即兴立体裁剪等。在过程中，拍摄照片并绘制粗略的概念草图。同时，查看其他设计师的作品，借鉴他们作品中你喜欢的特点。

> **不必担心受到那些你钦佩的人的影响。**
> 安东尼·鲍威尔（Anthony Powell），戏剧服装设计师。
> 2017年与作者谈。

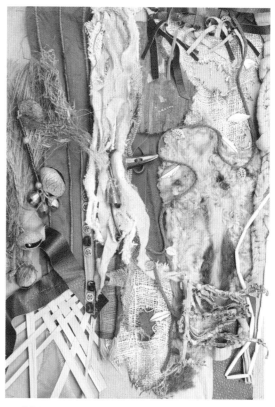

《传统的咒语》中的叙述者波科诺（波科诺）的服装将美洲原住民萨满和日本农民的服装进行了混搭。

1961年由托尼·杜凯特（Tony Duquette）为《卡米洛特》（*Camelot*）设计的这些戏剧服装，是在1/2小人台上进行立体裁剪完成的，这种方法本身是很有趣的，能够呈现设计师的想法以及其预期的情绪和色调。

练习1：
在1/2小人台上的设计开发

在1/2小人台上进行设计开发能省时间。在小比例人台上进行操作，可以迅速地通过立体裁剪完成整套服装制作，测试各种面料的组合，分析色彩的平衡，并且能轻松地比较不同的廓型。

小步舞者

将18世纪末和日本能剧的风格成功地融合具有挑战性。这件戏剧服装的面料已经在实验性立体裁剪阶段选定，在这几张图中，正在测试设计和构图。第二种方案的组合效果似乎更好，在对服装的腰带进行立体裁剪后，比例达到了平衡。

基础衣片：胸衣、裤子以及和服的组合。

方案一，添加一个粉红色灯笼形半裙和薄纱衬裙。

方案二，采用白色刀褶裙和粉色蓬蓬裙。

后视图展示和服腰带的装饰细节。

为表达内容而添加装饰

无论是二维的表面设计还是三维的装饰物，装饰都将纳入小步舞者和博马舍的戏剧服装设计中，因为装饰是18世纪末美学的重要组成部分。另外，导演彼得·温·希利认为装饰可以从多个层面上进行交流。在戏剧中，它的作用是吸引观众，绽放服装设计的能量，使演员与观众之间建立情感连接。

左图：在1/2小人台上操作是一种设计开发方法，所以在思考构图时，设计师会粗略绘制一些草图，以便尝试设计小步舞者戏剧服装的最终样式以及可能会用到的装饰。

练习2：
实验性立体裁剪

在设计开发的阶段，进行实验性立体裁剪以确定面料和饰边。色调的变化（变化顺序在第194页确定）有助于强化故事情节。仔细思考为每个演员选择的色调，并注意哪些演员会一起出现在舞台上。列出不同颜色产生的不同情感，并分析这些情感与角色性格的对应关系，这样做很有帮助。例如：

- 西比拉：大地色调包括铁锈色、棕色、绿色。因为她接近自然，来自大地；绿色代表着平衡；她直觉敏锐，是天生的女巫。
- 小步舞者：粉色和白色。代表少女的颜色，粉色代表着爱和情感，白色代表青春、纯真和无邪。她自由地舞动于角色之间，将他们串联到一起，使当时的情景变得抒情。
- 博马舍：蓝色、银色、奶油色，非常适合他的梦境场景。蓝色令人联想到梦境或精神，银色代表敏锐的思维，这些都表示这个角色是社群中的一位知识分子。

小步舞者服戏剧服装的实验性立体裁剪：

- 目标是找到粉红色和白色的正确组合。
- 首先将"裤子"模拟制作成两种颜色，然后在裤子外套上蓬蓬裙。
- 从后面用珠针固定胸衣和服装面料。

博马舍戏剧服装的实验性立体裁剪：

- 裤子的面料固定于腰部，并进行了宽阴褶处理，模仿哈卡马裙裤的造型。
- 织锦腰带固定于腰部。
- 为"翻领"测试仿织锦面料。

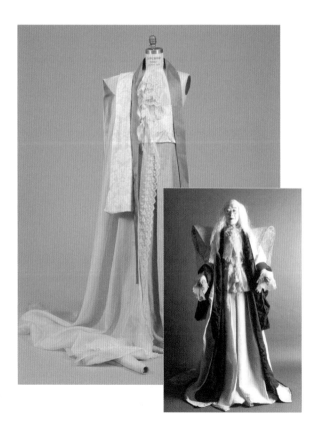

顶部图片：使用一个白板遮挡部分立体裁剪作品，更容易查看不同色彩搭配的效果。两件粉色服饰（裙子和胸衣）很好得融合在一起，裤装的颜色渐变为浅肤色，使舞者更显高挑。

右图：将各种蕾丝固定到人台上，观察哪种象牙色的色度最能和灰色大麻或真丝制的裤子以及银色腰带搭配。

右图的附图：这部歌剧要求制作宣传照片，所以对本杰明·富兰克林的鬼魂戏剧服装进行了实验性立体裁剪。直接在模特身上进行立体裁剪，使用现成的服装和腰带，模拟制作了肩衣，并将不同的面料和蕾丝拼接在一起。

"鬼魂"角色的实验性立体裁剪

在第一幕中，歌剧演唱者们正乘坐火车从纽约前往费城。火车发生碰撞，所有人都遇难了，他们成为了鬼魂。因为没有时间更换戏剧服装，他们戏剧服装的外面会披上其他面料，表示他们角色的转换。以下图片中，正在对各种面料进行实验性立体裁剪，以测试这些面料在戏服上的透明度。可根据需要尽可能多地测试各种面料，以便找到合适的面料。如果是一件舞台戏剧服装，最好在舞台上的灯光环境下进行测试，因为灯光可能会改变戏剧服装的外观。

真丝薄纱相当透明，外观轻薄透气，但看起来可能还不够像幽灵。

在这张图中，雪纺布固定在帽子上，并进行碎褶处理来增加体量。这使造型看起来与众不同，出现了许多垂直线条。这个样式很有趣，因为戏剧的场景是在森林中，布景中有树木可以呼应这些线条，使人物与背景相协调。

这款聚酯纤维乔其纱质地轻薄，但不透明，颜色太深，因此不适用。

197

练习3：
即兴立体裁剪

即兴立体裁剪非常好的作用之一是能表现草图中难以绘制出的细节，这些细节需要直接在人台上进行立裁。在这一练习中，这个方法可以用来开发博马舍和服背面的设计。

博马舍和服

传统的日本和服腰带在背后通常有一个大蝴蝶结或扣合件，但这种设计过于直接，我想要的是与众不同的设计，可能需要参考18世纪末的服装造型。

第一步

- 从已经制作好的基础款和服开始设计，参考18世纪末服装的款式来进行背部设计。
- 第一步是从后面把面料向上拉，参考该时期前低后高的服装造型。注意向上拉起后片的侧视图和新的倾斜角度。
- 从后中线处将面料立裁为瀑布褶，这也是参照了该历史时期的服装款式。

第二步

- 在这张图中，后片已经形成了瀑布褶。
- 用坯布制作一根和服腰带。
- 腰带看起来非常大，效果还不错，不过背后装饰是一个小蝴蝶结，有点太女性化了。

第三步

- 第二种腰带的设计是垂直的蝴蝶结装饰，这样看起来效果更好，因为这种蝴蝶结线条更干净，其简洁的线条与繁杂的瀑布褶以及垂坠的袖子形成了鲜明对比。

注意：准备制作和服腰带时，要研究真正的日本和服腰带，了解裁剪和缝制腰带的传统方式。如果预算充足的话，为了提高真实感，可以应用其中一些制作方法。

设计开发：西比拉森林精灵

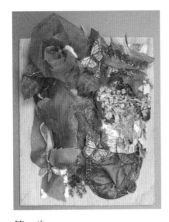

第一步

为西比拉这个角色确定色彩和质地的设计方向。

第二步

在人台上对各种面料进行实验性立体裁剪。

第三步

绘制设计草图。

第四步

包括衬裙细节的平面草图。

第五步

衬裙的立体裁剪。

第六步

西比拉戏剧服装的成品。

戏剧服装设计的阶段之一：绘制最终设计插画

在戏剧服装设计过程中的这个阶段，设计师已经与导演一同仔细查看过灵感板，角色板也已经完成，面料和色彩已选定，也完成了1/2小人台上的立体裁剪、实验性立体裁剪以及即兴立体裁剪，推进了设计开发。接下来，将完成绘制最终插画，然后交给制作团队来绘制平面草图，并开始计划打造戏剧服装。

案例1:
小步舞者戏剧服装

这件戏服混合了塑造日本能剧风格的元素和18世纪末服装风格的元素。由于这件戏剧服装出现于梦境场景,因此各层服装面料具有不同的透明度,使服装的制作具有挑战性。这件戏剧服装既需要具有1776年宫廷套装的丰富层次感,又要有能剧服装夸张的简洁感。

最终插画和平面草图蓝图

一旦完成了设计开发,从实验性立体裁剪、即兴立体裁剪和在1/2小人台上进行立体裁剪的实践中积累的经验就可以用来为戏剧服装绘制多个设计草图。在选定最终设计样式之前,回顾"优秀设计的十大原则"(第17页)并将其与这件戏剧服装的设计联系起来。

最终插画

在完成最终插画之前,与导演或演员交流临时需要改动的地方或在彩排中发现的戏剧服装限制动作的地方。记住,这些插画应该根据演员的比例进行绘制,因此请准备这些演员的照片供参考。

由巴布拉·阿劳霍(Barbra Araujo)为戏剧绘制的小步舞者插画。

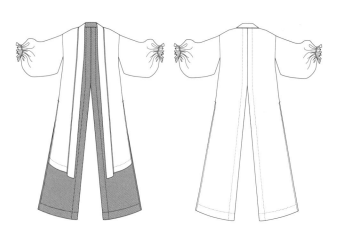

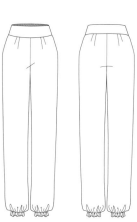

打造小步舞者戏剧服装的步骤

准备工作
- 与演员见面并获取其身材尺寸。
- 人台准备：定制符合演员身材和姿势的人台。
- 准备坯布和支撑材料。

基本戏剧服装和排练服的立体裁剪
- 裁剪并缝制坯布试穿样衣。
- 标记并修正立裁作品，使用坯布立裁作品作为样板，或者转移到纸样上。

外层服装的立体裁剪（在现有的服装之外）
- 裁剪并缝制坯布试穿样衣。

- 标记并修正立裁作品，使用坯布立裁作品作为样板，或者转移到纸样上。

对坯布样衣进行试穿
- 获取演员对关于动作限制和快速换衣提出的意见。
- 对样板进行修正。

最终设计面料试穿
- 裁剪并缝制最终设计面料，制作戏剧服装。

评估
　　首先在人台上对戏剧服装进行自我评估，并回顾"优秀设计的十大原则"（第17页）。

准备工作

　　与演员见面并测量身材尺寸：
- 注意演员的特点和姿势。
- 讨论动作范围、上抬范围、快速换衣的问题。
- 让演员试穿参考服装以便使演员更加熟悉戏剧服装的比例和人体工学。
- 确定需要哪些排练服。

　　坯布准备：
- 选择与最终设计面料最相似的坯布。
- 制作坯布准备示意图。
- 撕布、矫正并熨烫坯布，标记纱向线。

　　人台准备：
- 选择最接近演员尺寸的人台，根据需要进行填充。
- 若条件允许，添加填充手臂和头部模型来帮助解决比例问题。

基本戏剧服装和/或排练服的立体裁剪

　　基本戏剧服装包括：胸衣、舞蹈裤、和服腰带。在完美处理好这些服装的合身度，并测试好舞蹈裤的活动范围后，我会让演员穿上一件购买或租用的和服。测试不同长度和体量的服装，观察服装的动态造型，并让舞者身着这些服装进行排练。尤其是那些难以处理的配件或道具，有必要在排练时穿戴。鞋子对于展现演员的正确姿势和廓型也很重要。

　　上图：小步舞者的扇子在戏剧服装开发过程之初就已制作，让演员可以在排练期间使用。

　　下图：由于演员需要表演许多复杂的舞步，因此成品芭蕾舞鞋对于演员的排练也很重要。

术语回顾：紧身胸衣、胸衣和基础胸衣

紧身胸衣（内，Corset）：作为打底服饰，用于支撑并塑造身材轮廓。经典款式常带有撑条，很贴身，通常饰有花边。

紧身胸衣（外，Bustier）：这个术语与"Corset"可以互换使用，因为Bustier同样是紧身的，并使用撑条进行支撑。然而，Bustier更多被视为一种装饰性的外穿衣物。最开始于20世纪中叶作为内衣流行起来，后来作为外衣变成时髦单品，一般使用真丝和织锦制作，并添加各种装饰。

基础胸衣（Foundations）：是其他服饰的基础，通常用于像晚礼服这种厚重、体量大的服装。基础胸衣作为底层服装，其他面料可以缝制在其上。最常见的基础胸衣是由中等重量的棉布或亚麻布制成的，有时也可由优质真丝网眼布制成，常用于制作新娘服饰。

真丝内衣：标记接缝处的鱼骨架和腰部的罗纹丝带。

胸衣的立体裁剪

胸衣的制作将采用从原型到立裁的方法。其样板将根据演员的尺寸进行调整，并为上下边缘立裁出新的款式线。

右图：这是一件适合这款胸衣设计的基础胸衣坯布。虽然样板在前中线处有一个接缝，但这件胸衣的接缝在侧片上，因此前片更平坦，与日本能剧风格相匹配。

开始时，需计算需要从样板衣片上增加或减少多少尺寸以适合演员的身材。参考下方的示例图表，创建一个图表，记录原型样板衣片的尺寸以及相应的演员身材尺寸，然后备注需要修改的样板尺寸。

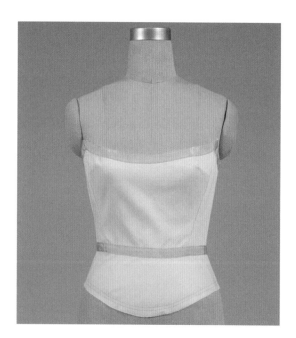

样板测量转换图表

部位	尺寸		调整		其他	
	样板	身材	—	—	备注	目标尺寸
胸围						
下胸围						
胸廓						
胸高点至腰部						
腰围						

根据"小步舞者"演员的身材尺寸，我们只需要在样板边缘外额外增加一点面料量，因为演员的身材尺寸非常接近样板原型的尺寸。

通过排布样板原型来估计胸衣裁剪所需的坯布量。在各个样板衣片之间留出一些面料，方便之后进行改动。由于服装是镜像对称的，因此只需要立裁出服装的一半。

准备坯布，并在坯布上标出经向纱线，与样板衣片上的经向纱线相对应。每张衣片画出一条纬向线就足够了。

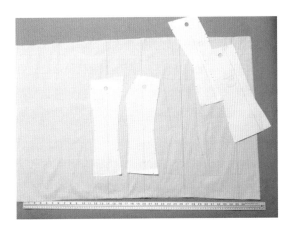

- 叠放样板衣片与准备好的坯布，对齐经向纱线和纬向纱线。
- 在坯布上拓印原型。
- 参照演员的身材尺寸，并标记尺寸调整处。
- 注意，我们在下胸围到上臀部的侧缝额外添加了坯布，以适应演员在这些区域的较大围度。

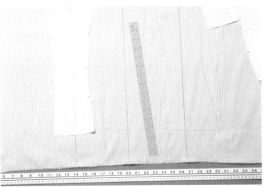

裁剪胸衣，然后标记和修正立裁作品。重新固定衣片并检查作品，然后在样板上进行更正，并为演员准备一件样衣进行试穿。在试穿之前添加撑条和扣合件有助于提高精确度。在试穿时，在腰围线处固定一条丝带以确定胸高点与腰围线之间的距离。

右图展示的是用于试穿和排练的胸衣基础面料。

注意前片添加的长省道。因为胸衣的裁剪没有前中线的接缝，而且演员的胸廓相当窄，所以前片需要裁剪得更贴身。若这种底层服饰无须展现出来，则根据需要增加省道使衣片更贴身的做法是可以接受的。在这种情况下，可在服装上覆盖弹性亮片面料，这种面料在撑条和合身缝线处都很平顺。

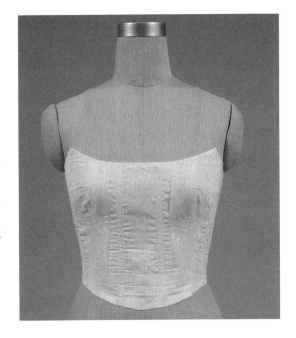

舞蹈裤的立体裁剪

这款裤子的设计轻盈而飘逸，需要修身。因为舞蹈戏剧服装上点缀繁多，所以舞蹈裤需要相对低调。这条裤子将采用轻盈的真丝网眼面料，按照斜纱方向进行裁剪，这将使裤子较贴身，同时有充足的活动空间。

斜向纱线以双线进行标记。但在这种轻薄的坯布或网眼布上，用标记缝勾勒出纱向会更容易些。

根据平面草图开始立体裁剪

在整个立体裁剪过程中，不断对照平面草图是很重要的，但是要给自己一些艺术创作的自由度，可以根据需要来移动接缝位置或调整比例。

与用于国外生产的技术设计平面草图相比，用来立体裁剪的平面草图可能会简略得多。在技术设计平面草图上，所有的接缝和制作细节必须准确标明，像门襟和口袋这样的设计细节必须按比例精确绘制。

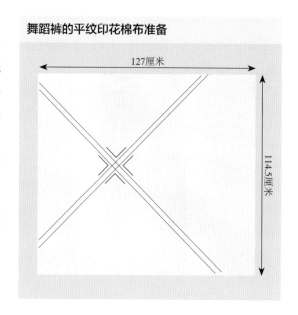

舞蹈裤的平纹印花棉布准备

127厘米

114.5厘米

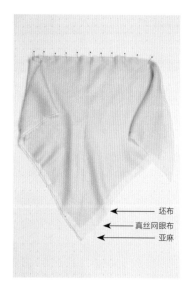

坯布
真丝网眼布
亚麻

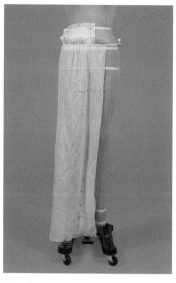

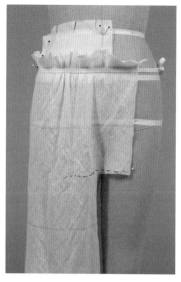

第一步

- 用于立体裁剪的坯布应尽可能与最终设计面料相似。由于将按照斜纱方向进行立体裁剪，坯布会产生一定程度的拉伸和下垂。
- 在这张图中：测试一种坯布，观察它在立裁时的下垂长度。
- 用数学方法计算在立裁后如何调整样板。

第二步

- 对育克进行立体裁剪，首先使育克衣片的前中线与人台的前中线对齐。
- 对裤子前片进行立体裁剪，使斜纱垂直向下并将坯布绕向后中线包裹人台。
- 使用松紧带帮助固定育克，调整碎褶。从膝盖开始用珠针固定内缝。估计脚踝宽度，然后固定内缝直至脚踝。

第三步

- 估计裤裆的深度，水平剪开坯布。
- 根据演员的尺寸，用标记缝的方式在这种面料上进行了标记。
- 用珠针向上固定内缝直至裤裆处。

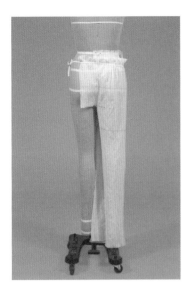

第四步

• 对裤子后片重复同样的步骤，修剪掉后中线处的多余面料。

• 用珠针向上固定内缝直至裆部。

第五步

• 在脚踝处绑上松紧带，检查长度和宽度。

• 在育克衣片侧缝处将前片覆于后片之上，将下边缘向内翻。

第六步

• 标记并修正育克和裤子，然后进行重新裁剪（对整片育克进行裁剪）。

　　参考"立体裁剪标记清单"和"修正基础"（第74页）。

• 用珠针将修正后的裤子重新固定在人台上来进行检查。

• 修改：将碎褶从前中线移开，裤腿稍微收窄。

第七步

• 以一整片坯布裁剪裤腿意味着所有的调整只能在内缝上进行，没有侧缝可供调整。

• 在这张图上，一个长对角线省道已使用珠针固定，以缩小裤腿。

• 关于使用省道缩小裤子尺寸的修改，参见第92页。

第八步

• 在舞蹈裤样板上完成上述更正。

• 修改坯布与最终设计面料之间的差异（参见对页的第一步，测试面料弹性）。

　　计算裤腿需要减去多长的面料。将样板剪开，分为两半，膝盖以上一半，膝盖以下一半，然后缝制样板。

• 裁剪并缝制裤子，准备样衣进行试穿或排练。

设计制作刀褶裙

　　准备刀褶裙需要与工匠紧密合作。在Park Pleating 工作的埃迪·莫亚（Eddie Moya）研究了我的草图，展示了样品，然后推荐了一种"渐进式手风琴褶"的刀褶样式。我提供了一个大概的裙长，并要求他们生产一片样品，以便在演员身上试穿坯布样衣时检查长度以及刀褶的比例。

Park Pleating 提供的多种刀褶样品帮助预测了裙子适合的刀褶类型。

和服腰带的立体裁剪

和服腰带（Obi）是传统的日本腰带，通常在背后系紧。在本例中，和服腰带的平整表面参考了日本能剧传统。由于和服腰带的裁剪是即兴的，因此仅需要估计你希望在和服背面看到多少面料量，然后开始立裁。虽然你还不知道最终的造型，但可以尝试想象出合适的面料体量。

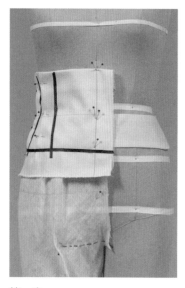

第一步

- 将坯布的前中线与人台的前中线对齐。
- 朝后中线抚平坯布。
- 在前后的公主线处制作省道。

第二步

- 在侧面用标记带标记弹性区域。因为这是舞蹈服，所以看起来会像平整的和服腰带，但有造型和弹性。
- 在下边缘和上边缘贴上标记带（图中未显示）。
- 将上边缘和下边缘向内翻。

第三步

- 标记并修正坯布，然后转移到样板上。
- 裁剪、缝合并准备用于试穿的和服腰带。

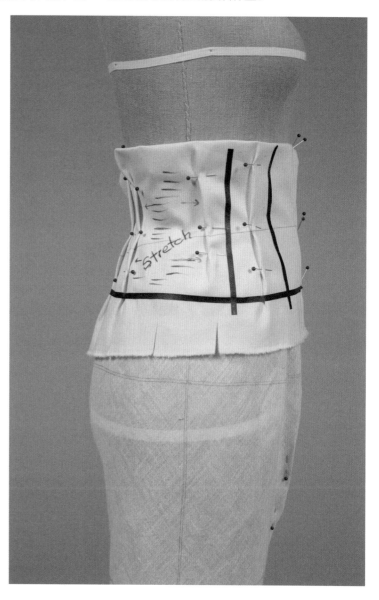

"玛莎·葛兰姆（Martha Graham）作为一个专注于身体的舞者和一个需要呼吸空间的歌剧演唱者来说，二者在合身度和活动性方面的要求有着巨大的不同。"

彼得·温·希利（Peter Wing Healey），加利福尼亚州洛杉矶美索不达米亚歌剧（Mesopotamian Opera）的创始人、美术指导和总裁。

和服的立体裁剪/打版

　　小步舞者的和服将依照波可诺和服的制作方式进行制作（见第136页示意图）。设计面料会在人台上进行实验性立体裁剪，以达到服装体量。然后根据1/2小人台上立体裁剪的信息（见第195页），绘制新的技术草图，接着根据这些信息制作出样板。将根据这个样板裁剪出坯布样衣后，最终为试穿做好准备。

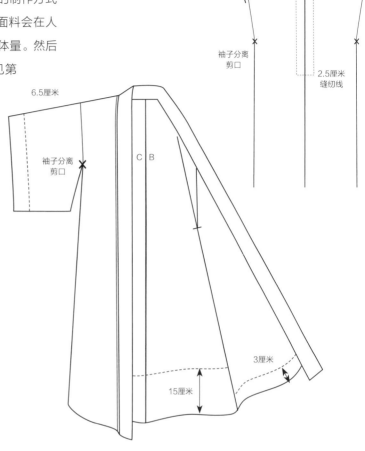

90° 角

袖子分离剪口

2.5厘米缝纫线

6.5厘米

袖子分离剪口

C B

3厘米

15厘米

戏剧服装试穿指南（另见"进行专业的试穿"，第144页）

- 回顾导演的要求、角色的"故事"以及自己的戏剧服装设计目标，使自己清楚所追求的服装效果。
- 心中牢记最初的服装灵感，将插画放在手边。
- 拍摄照片，并请一位记录员做助手（或使用自己的手机）。
- 将所有配饰和道具都纳入分析范围，在演员试穿前检查服装比例和实用性。
- 如果有条件，准备更多不同尺寸的帽子和鞋子以供选择。
- 首先在人台上试穿全套服装，以节省与演员沟通的宝贵时间。查看比例，比对插画和平面草图。
- 对明显需要修改的地方进行修正。

- 将每件服装逐一在演员身上试穿，边试穿边用珠针进行修正，直至全套服装试穿完毕。
- 给予演员适应戏剧服装的时间，提供大镜子让他们看到自己的样子。
- 从远处以及不同的角度观察戏剧服装，并注意服装的动态外观。
- 询问演员关于特殊动作、快速换衣或活动性方面的问题。
- 在取下珠针之前，仔细标记所有修改过的地方。将修改转移到样板上。

试穿坯布样衣

　　试穿坯布样衣能够让打版师看到样板的效果并检查扣合件和接缝，设计师还能看到所有部件第一次搭配在一起的效果。

- "小步舞者"演员试穿了基础面料的胸衣和坯布舞蹈裤。
- 这张图中，正在测试裤子的活动自由度。

- 裤子太长。
- 一种快速缩短裤子的方法不是在底摆处进行缩短，而是在裤子的其他区域制作塔克。
- 在这张图上，用珠针固定了一个3.8厘米的塔克，之后制作裤子时将去除塔克的尺寸。

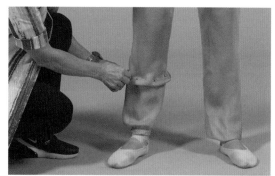

- 刀褶的比例适当，但裙子需要缩短5厘米。
- 检查和服的活动性。
- 检查和服腰带的比例。
- 刀褶工匠提供了一块试制的刀褶布片，缝在了一条罗缎丝带上，以方便试穿。

试穿后的评估：

- 裤子需要缩短。
- 腰带需要变窄并调整平衡感，因为左侧看起来十分厚重。
- 袖子需要延长。
- 和服和领圈需要再加长15厘米。
- 裙子需要缩短。
- 和服腰带上装饰的尺寸需要缩小。

　　戏剧服装的剩余部分——刀褶裙成品、带装饰的罩裙和手腕荷叶边。现在可以在排练服和基本戏剧服装外进行立体裁剪，并准备最后的试穿（图中未展示）。

最终设计面料试穿

回顾导演的要求、角色的"故事"和自己的戏剧服装设计目标。

评估戏剧服装，最重要的是看戏剧服装是否有助于塑造角色。注意那些对塑造角色至关重要的服装元素。心中牢记最初的戏剧服装灵感，并将此插画放在手边。

评估

- 参见"评估指南"（第59页）。
- 小步舞者演员符合导演所期望的"脆弱、近乎虚幻"的特点，既精致又略显僵硬，但她戏剧服装上那一层层透明的薄纱、多样的质感、饰边和装饰让人联想到世界的复杂。
- 这件戏剧服装让人感觉轻盈、怪诞、缥缈，非常符合梦境场景。她像一个合唱团的精灵，通过舞蹈将其他角色连接起来。柔和的粉色具有吸引力，引人喜爱。服装细节烘托出女性柔美、和谐的气质。
- 人体工学特点：与演员讨论服装是否舒适、穿着是否方便活动。

- 单独观察服装的效果，并观察这件戏剧服装与其他演出套装的搭配效果。
- 历史（18世纪末）或文化（日本能剧）上的参考是否清晰？
- 回顾"高级定制的十大要点"（第21页）。尝试调整腕带、腰带的位置，以及两层裙子的长度，并观察细微差别对服装基调的改变。
- 拍摄演员的照片，与插画进行比较。在二维角度上观察，更容易进行分析。

案例2：
博马舍戏剧服装

博马舍是一位博学的知识分子，出现在第二幕的梦境场景中。这件戏剧服装将对以下风格进行混搭：18世纪末的正派绅士与日本能剧风格，后者以经典廓型、夸张大尺寸的传统样式为特点。将整套服装细分为单个服饰衣片和配饰。然后绘制平面草图，作为打造服装的蓝图。

准备工作
- 与演员会面并测量身材尺寸。
- 讨论动作范围、上抬范围、快速换衣的需求。
- 让演员试穿参考服装，使演员熟悉服装。
- 确定需要哪些排练服装。
- 收集必要的基础戏剧服装。

坯布准备：
- 选择与最终设计面料最相似的坯布。
- 制定坯布准备示意图。
- 撕布、矫正、熨烫坯布，并标记纱向线。

人台准备：
- 选择最接近演员身材尺寸的人台。
- 填充人台以符合演员的身材尺寸，用斜纹带标记需要特别注意的区域。

博马舍插画由巴布拉·阿劳霍（Barbra Araujo）为《传统的咒语》绘制。

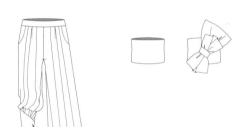

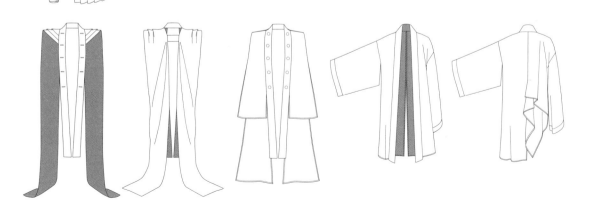

基础戏剧服装/排练服的立体裁剪

博马舍的基础戏服包括一件T恤（购买而来）、一条哈卡马裙裤和一件和服。

排练和服的立体裁剪和打版

通过制作一件坯布排练和服，让演员有机会熟悉这种可能既陌生又宽松的服装类型。坯布的手感应和最终面料相似，这样能让戏剧服装设计师有机会看到演员穿着和服的实际效果，并确定最终的体量和长度。研究第136页上的和服样板，制作新的样板，然后裁剪并缝制坯布和服。

哈卡马裙裤的立体裁剪

哈卡马裙裤源自武士的服装，是日本传统的阔腿裤。研究显示，哈卡马裙裤的版型是为了让宽阔的布料不碍事，比如男性骑马或打猎时，布料在小腿处需要收紧。有趣的是，这种裤型改变了传统宽腿哈卡马裙裤的廓型，与18世纪末裤子的样式相类似。

使用从原型到立裁的方法，对哈卡马裙裤进行立裁，并调整尺寸使其符合演员的尺寸，并对腿部包裹方式进行即兴立体裁剪。参见"资料来源"（第248页）获取样板或者直接使用一张大方形布料，按照立裁的步骤进行制作。

第一步

• 将哈卡马裙裤的原型拓印到准备好的坯布上，根据演员的身材尺寸调整。若直接从一张简单的方形布料开始，则需估算立体裁剪需要用到的面料量。

第二步

• 从前中线开始，立裁出哈卡马裙裤的刀褶。

第三步

• 将坯布向后拉到后中线。

• 在后中线处立裁出一个阴褶。

• 从侧面（如图所示）调整腰围线处的平衡感。

第四步

• 标记并修正立裁作品。
  参考"立体裁剪标记清单"和"修正基础"（第74页）。

• 使用坯布裁剪的裤子作为样板，或者转移到纸样上。

第五步

• 只剪裁一个裤腿（在剪裁第二条裤腿之前，让演员试穿裤子）。

• 缝制刀褶。

• 用明线的方式在裤子顶部缝上一段罗缎丝带以固定刀褶。

第一步

- 在演员的腰部绑上丝带。
- 标记腰围线上的系紧点，作为之后添加扣合件的参考。
- 检查长度，根据需要向上缩短下摆。

第二步

- 进行即兴立体裁剪，处理脚踝绑带，在小腿处收紧布料。
- 如果要使坯布平整，可以根据需要用珠针固定一些塔克来减小体量。
- 确定脚踝绑带缝制到裤子上的位置以及你希望的绑带结束位置。

第三步

- 检查和服的宽度、长度和袖长。
- 检查后中线上领口的开口，如果太宽或太窄就进行调整。

在演员或模特身上进行即兴裁剪

在某些情况下，直接在真人身上进行立体裁剪会很有帮助，因为可以观察服饰的人体工学特点，观察某个元素的合身度和活动性，以及与肌肉结构是否同步。当需要在模特身上进行即兴立体裁剪时：

- 预先准备好坯布，以便尽可能快地顺利进行工作。在本例中，裤子已经缝上了一段罗缎，所以可以很容易地系在腰上。
- 提供可能需要的打底衣或鞋子（在这一例子中提供的是T恤和紧身裤）。
- 准备几种不同比例的坯布绑带来对腿部包裹进行实验，并提前在人台上进行练习，这样你就可以预先了解其效果。

让演员进行多次试穿

- 让演员进行多次试穿总是有帮助的，但并非总是可行。
- 获取准确的身材尺寸。尺寸越是精确，服装的合身度就越好。
- 在立体裁剪的过程中，想象演员身穿戏剧服装的样子。
- 在试衣过程中要高效、快速且全面，以更好地利用你和演员们的时间。

评估和修改

- 裤子合身度很好，但小腿处应该包裹得更紧一些。缝制小腿布料收紧处的刀褶，以消除裤子的松垮感。
- 将和服的长度缩短为之前的四分之三，能产生不错的效果。在宽度上，需在和服的侧边各增加10厘米，袖子需延长12.5厘米。
- 在用最终设计面料进行立体裁剪之前，要与外衣一起测试比例。

打造外衣

既然已经制作了基础排练服装，那么可以参考这些基础服装，有助于在打造翻领和服、肩衣、和服腰带以及颈饰、胸饰、手腕装饰时预测正确的比例。

和服腰带（obi）的立体裁剪

Obi是穿在和服外的传统日式腰带，通常呈矩形，在背后扣合，扣合件有时为蝴蝶结或其他形状。对于这条腰带的背后装饰，请参考即兴立体裁剪那一章的练习2（第62页），并使用那一章裁剪出的和服腰带装饰。

和服的立体裁剪

在观察演员排练时和服的效果后，确定排练和服的最终长度和袖长。再次参考即兴立体裁剪那一章的练习2（第62页），观察和服后片的立体裁剪，该立裁作品参考了18世纪末的宫廷风格。

- 调整后片瀑布褶，达到良好的平衡感，然后用珠针固定到后中线接缝。
- 运用打线丁的方式，小心地将瀑布褶固定到和服的后片。

为和服后片的瀑布褶修正和服样板

第一步
- 确保瀑布褶打线丁的位置是精确的。
- 小心地将后中线瀑布褶的线丁拆下。

第二步
- 拆开时要确保线丁完好无损且清晰可见。

第三步
- 在样板上进行标记时注意线丁的角度，然后用箭头指明方向。
- 使用复写纸和滚轮标记确切的位置。

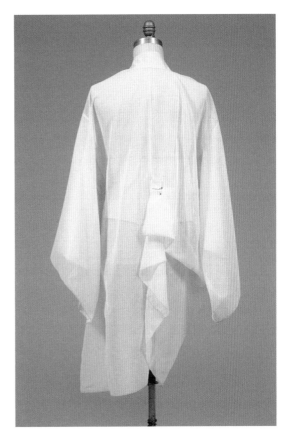

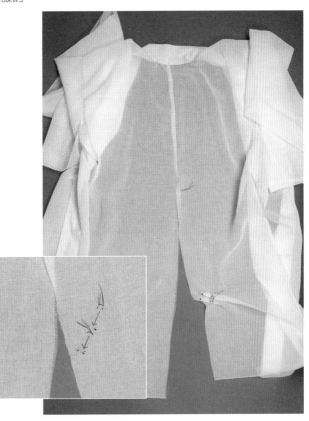

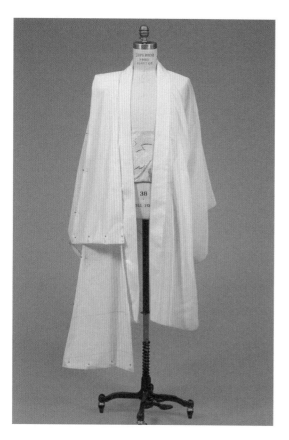

翻领的立体裁剪

这一元素参考了18世纪末的服装样式，由两种不同长度的翻领构成。

首先对下层翻领进行立体裁剪，然后在上下两个翻领上使用款式标记带研究比例。用和服带（一种方形、按经纱方向裁剪的面料）完成领口的立裁。

打造自己的面料

在戏剧服装设计中，表面设计和三维装饰技巧为打造自己的面料提供了很多机会。无论是复制一种复古面料，还是打造一件18世纪末的燕尾服上衣，或是必须遵循特别详细的舞台指导，都有许多方法可以实现预期的效果。

在公司刚开始运营时，需要进行大量手绘和装饰工作，如手工染色、喷笔绘图、进行特殊缝合等。后来公司扩张了，服饰需要大批量生产，因此不得不使用各种生产技术。印花和丝网印花技术便取代了手工绘图。

多米尼克·蕾蜜儿丝（Dominique Lemieux）是太阳马戏团的戏剧服装设计师，谈论其工作时如是说。

给翻领增加二维或三维的质感

在对翻领进行立体裁剪时，手边放一些最终设计面料（我们一直推荐这样做）。练习预测技巧，确定是否需要增强印花的效果，来强调18世纪末织锦布的样式。

在立体裁剪时，在最终面料上测试手工绘图、雕版印花或丝网印花的样本效果。

在完善装饰并进行印花之前，回顾"制作计划"（第194页），确保这一戏服案例的制作符合你的预算和资源。

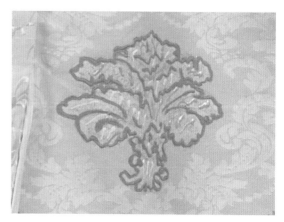

正在运用蓝紫色和银色手绘图案测试翻领面料，来增强图案的巴洛克风格。

肩衣（kataginu）的立体裁剪

肩衣是一件具有保护作用和戏剧效果的武士服饰。在对其进行立体裁剪时，需确保刀褶是均匀且精确的，就像武士身上的服饰那样。

坯布应该足够硬挺，向外突出得很夸张。根据需要，添加粘合衬，或者加一层硬挺布或厚重欧根纱里衬。

第一步

- 确定垫肩的高度。
- 按照经纱方向对肩部进行立体裁剪。
- 制作塔克：塔克应向外倾，向下收窄。
- 检查后片的长度和平衡。

第二步

- 调整三个塔克，使其均匀。
- 调整布片的角度，使肩部像草图中那样向外突出。

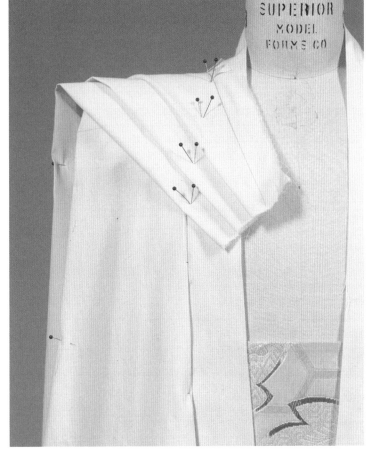

第三步

- 在前片上添加一条新带子来固定肩衣。
- 检查钮扣尺寸；这些钮扣看起来像是把肩衣固定了起来，因此需要很结实。

第四步

- 标记并修正所有裁剪好的布片。
- 裁剪和缝制坯布样衣，并为试穿做准备。

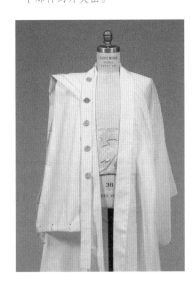

准备最终的试穿：

在用最终设计面料裁剪和缝制博马舍戏剧服装之前，回顾"高级定制的十大要点"（第21页）。这套戏剧服装需要经过许多复杂的缝纫工序。比如，和服后片的瀑布褶等细节，需要非常仔细地标记并精确缝制。面料有不同的重量，需要关注并测试每个里衬和支撑结构。肩衣需要有适当的上抬范围。在开始之前制订一个计划，密切关注你的团队，确保细节部分的制作是正确的。在各个衣片缝制完成后，添加配饰和其他元素，如袖口衣片、领带和胸饰。参见"戏剧服装试穿指南"（第207页）。

对页：将两套戏剧服装放到一起研究；两套戏剧服装的复杂度和装饰程度相当，这使二者联系在一起。淡雅的色彩和透明的面料有助于使两套戏剧服装符合第二幕的梦境场景。预测两套戏剧服装与其他演员戏剧服装的搭配效果。舞台上所有演员的戏剧服装都必须像时装系列打造的视觉画面一样，具有连贯性。

评估

- 参见"评估指南"（第59页）。
- 回顾最初的情绪板和插画，戏剧服装成功地帮助角色呈现出梦幻般的怪诞感，同时具有多层次含义和深刻的意图。表演者的年龄、英俊智慧的外表很适合这件戏剧服装。
- 戏剧服装的廓型和比例产生夸张的视觉和情感效果。肩衣是服装的戏剧性点缀。
- 根据太阳马戏团的多米尼克·蕾蜜儿丝的说法，戏剧服装的最终试穿是为了"使线条更加清晰"。复杂层次的呈现需要完美协调所有细节，给人一种虽然复杂却"更加清晰"的感觉。
- 总体而言，戏剧服装看起来可以进行优化，并使清晰度更高。花卉图案可以使用线条将图案和背景相融合，使其作为纹理呈现出来。
- 蕾丝图案可以做得更加夸张，这样从远距离看向舞台时，能更清晰地看到蕾丝。如果胸饰边缘有饰边，其边界应该会更加明显。

- 能剧与18世纪末宫廷元素的结合：
  翻领上的仿巴洛克印花以及宽大的蕾丝袖口和胸饰表现出时代的风格。
  和服腰带、哈卡马裙裤和日式鞋子增添了能剧的风格。
  肩衣可以做得更夸张。采用更硬挺的支撑面料可以实现这样的效果。
  腰带图案很棒，效果很好。
  裤子、小腿包裹符合人体工学，外观和活动性都很好。
- 关于纱向线的协调：这套戏剧服装的主要衣片都按照经纱方向立裁，和服带子和哈卡马裙裤的刀褶增强了这些垂直线条的视觉效果，进而增强了角色的阳刚气质。
- 袖口的碎褶和斜裁的荷叶边胸饰又为戏剧服装增添了柔和的气质，产生强烈对比。

第九章
传世服装的立体裁剪

目标

定义现代的传世服装设计。

理解真品的品质。

通过分析改造服装和纺织品的例子来打造传世服装。

练习：**传世服装设计开发**

在 1/2 小人台上应用即兴立体裁剪技巧，以确定带有三维装饰的传世面料的最佳用途。

案例：**现代传世服装的立体裁剪**

制作一件现代传世连衣裙，结合运用二维表面设计和三维装饰。

※2019 年由 Maison Lesage 刺绣坊为凯洛琳·齐埃索制作的刺绣装饰。

具有传世品质的服装，本质上是高品位的服装，其制作目的是代代相传。传世服装的立体裁剪与所有立体裁剪项目一样，但涉及更多要点，必须整合本书中研究过的目标和愿景。

传世服装制作的出发点必须源于对服装的启迪或提升的渴望，因此"优秀设计的十大原则"（第17页）必须成为传世服装的第二种本质，"高级定制的十大要素"（第21页）应成为常规做法。传世服装设计的目标是提升设计的质量：在理念、立裁、制作和装饰方面，尽可能达到最高水平，追求卓越的工艺。

传世设计必须具有真品的感觉，这意味着其本质上是运用了合适的面料进行了正确的设计，并实现了既定的用途，其制作的风格很合适，其色彩表现着预期的心理或情感状态。添加的饰边或点缀既是装饰性的，也成为了一种象征性的符号或者设计理念的加强。

这一章将探索如何打造当今的现代传世服装。按照打造当代原创设计的流程，运用前几章讲述的各种立体裁剪方法激发创意灵感和原创想法，以精湛的工艺水平完成设计，赋予其深刻的意义。

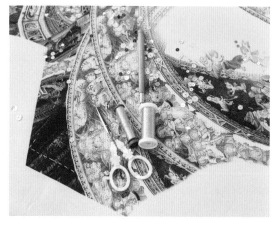

准备刺绣：印花面料上的标记缝勾勒出塔巴德式外衣上的图案边缘。

传世服装的品质

家族传世物件代代相传。现代传世服装的珍贵之处在于：

- 具有真品感。
- 具有源于东方或西方文化中永不过时的裁剪设计。
- 表现出卓越的工艺。
- 融入了传承下来的物件，应用古董纺织品、刺绣或珠宝。
- 具有精神意义、象征意义或治愈特点的元素。
- 承载了历史文化的庄重感。
- 表现出一流的装饰工艺。

现代传世服装

正如古代传统服饰一样，当代高级定制时装可以说具备了传世品质。古代的珍贵传统服装采用了精湛的手工艺来制作，融入了继承下来的珍贵宝石、珠宝等元素，或者融入了具有象征意义或精神意义的表面设计。

"现代"服装意味着服装是简单、舒适、不受季节限制的，或者采用的是最新的面料与制作方法，或者意味着设计师具有前瞻性思维，遵循慢时尚道德准则，努力与工匠合作制作出最好的作品，同时按公平贸易支付劳动报酬并使用低碳足迹的纺织品。

我们倾向于将传世物件或服装视为我们继承下来的物品，但现在是时候改变这种看法了。作为设计师，我们最终的追求应当是制作当今的传世品质服装，设计本身具有价值、超越流行趋势、可持续、十分耐用、可以代代相传的衣物。

打造现代传世服装意味着发现并遵循我们独特的创作路线，打造一款美丽的、具有原创性的真品传承物，为现代传世系列添加有价值的新服饰。

Lesage刺绣坊

本章中制作的"圣者降临"（Saints Descend to Earth）连衣裙，是我和Maison Lesage刺绣坊的休伯特·巴雷尔（Hubert Barrère）共同设计的原创、现代的传世服装。与如此知名的工作室合作，确保制作出一流工艺打造的装饰。

Maison Lesage，是巴黎最古老的刺绣工作室，1858年成立，时名为Michonet。其精美的刺绣设计受到时尚精英的高度追捧，包括高级定制时装之父查尔斯·弗莱德里克·沃斯（Charles Frederick Worth）。1924年被阿尔贝·勒萨热和玛丽·路易丝·勒萨热（Albert and Marie-Louise Lesage）收购，这个世代为刺绣师的家族成功传承了这个工作室历史悠久的遗产。卢内维尔（Lunéville）刺绣是Lesage刺绣坊的一项技术，始于1810年，其名来源于法国的卢内维尔镇，需

要经过多年的训练，才能到达Lesage刺绣坊标志性的一流技术水平。

Lesage家族的艺术作品和技艺使他们取得了巨大成功。他们以技术创新而闻名，比如，他们曾为玛德琳·维奥内特（Madeleine Vionnet）打造过珠饰。他们还因设计先锋派图案而闻名，例如艾尔莎·夏帕瑞丽（Elsa Schiaparelli）时装上的印花，他们从20世纪30年代初期开始，便与艾尔莎·夏帕瑞丽展开合作。阿尔贝·勒萨热和玛丽·路易丝·勒萨热的儿子弗朗索瓦·勒萨热（Francois Lesage）为巴黎所有著名的设计师都提供过另人惊艳的刺绣，包括与他们独家合作了40多年的伊夫·圣·洛朗（Yves Saint Laurent）。

到了20世纪70年代末，高级定制时装处于低谷时期，全球时装品牌的生存越来越依赖其成衣系列。巴黎的许多刺绣工作室开始经营困难，濒临破产。2002年，香奈儿的首席设计师卡尔·拉格斐（Karl Lagerfeld）明智地收购了Maison Lesage刺绣坊，使这一宝贵、历史悠久的工坊得以幸存下来。

今天，Lesage刺绣坊的档案馆已成为世界上最大的高级定制刺绣收藏馆，其中存有大约75000个样品。每年，该公司都会向其丰富遗产中添加新颖独特的设计，为迪奥（Dior）、路易威登（Louis Vuitton）、华伦天奴（Valentino）、圣罗兰（Yves Saint Laurent）以及香奈儿（Chanel）等著名设计品牌打造产品。

Maison Lesage刺绣坊独特的产品归功于其具有远见卓识的管理，以及技术精湛的工匠团队。他们高超而卓越的设计和工艺水平，将继续与未来的设计师共同打造现代传世服装。

真品

所谓的"真品"服装，是指这件服装是一件正品，而非仿制品。"真品"服装，就像是一件进行了正确的设计、采用了合适的面料、采取了恰当的工艺水平制作出来的厨师围裙；像是坚固耐用的摩托车夹克，是真正为了在沙漠公路上飞驰而制作的，而非让某位名人穿着去参加好莱坞派对；像是一位男士在森林中穿了数十年、然后传承给儿子的皮猎装，经年累月，变得柔软，更加合身；像是母亲在圣诞派对上穿的那条剪裁完美、时髦的20世纪50年代的红色织锦礼服。

> 我们追求的是真材实料、货真价实的物件。经典的白色棉衬衫，在弗洛伦萨淘来的完美蕾丝睡袍，裁剪精良的牛仔裤，这些服装的面料和颜色符合其功能并使服装具有完整性。这些是具有灵气的单品。
>
> 李·艾德尔科特（Li Edelkoort），时尚预测师，在2005年的《色彩观察》（View on Color）中这样说道。

李·艾德尔科特所描述的"具有灵气的单品"是一个有趣的概念。要识别到具有灵气的服装，我们需要放慢步伐，感受面料，对我们所观察之物有一个明确的认知感受。一位制作现代传世服装的设计师应该思考：是什么使得服装散发出消费者能够注意到的灵气。

永不过时的裁剪

许多传统民族服装的造型之所以能在时尚界流行数个世纪，是因为这些服装很实用。束腰长袖长袍（或卡夫坦）就是一个完美的例子。这是一种古老的样式，同时也是当代度假服装的主要单品。其制作非常简单，可以手工缝制，是一件可以添加装饰的空白画布，其穿着舒适。而且，和大多数由简单方形布料裁剪的衣物一样，其垂感优雅而华丽。莎笼、达西基、和服和托加长袍因其经典剪裁，在数个世纪以来一直受人们喜爱。

真品服装：经典的法式白色棉睡袍，约1940年制作，现在仍能穿着。

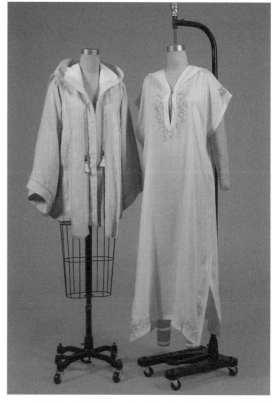

经典的裁剪服装，实用、舒适且华丽。大麻真丝混纺伯努斯（burnoose）斗篷和棉质卡夫坦长袍，为卡洛琳·齐埃索设计的塔拉·韦斯特（Tara West）冥想服。

卓越的手工艺

在古代，人们重视并珍藏那些手工制作、工艺精美的服装。现代的缝纫和制作方法变得越来越复杂，并且也因其高品质而受到高度赞赏。无论使用哪种技术，传世服装都展现了卓越的工艺水平。

具有精神意义或象征意义的元素

对传世服装的历史进行回顾可以发现，许多传世服装都曾由皇室成员或精神领袖穿着。这些人和组织能够负担得起最好的面料和最高品质的工艺。

15世纪初的明朝，永乐皇帝曾赐第五世噶玛巴一顶黑帽，表示他的宗教态度，这顶黑帽至今仍被西藏的噶玛巴在著名的"金刚宝冠仪式"中佩戴。意大利设计师卢多维卡·阿玛蒂（Ludovica Amati）曾在秘鲁亚马逊雨林与希皮博族（Shipibo）一起生活，她在其服装设计中应用了该部落古老的印花图案，这种印花图案具有治愈的意义。"新时代运动"（New Age）的许多设计师希望其作品具有平衡或治愈的特质，使用能够提升气场的颜色或者是能够提高吸引力的宝石。

下图中见到的刺绣贴花是为加利福尼亚箭头湖一家圣公会教堂制作现代教会法衣时设计的。这款刺绣由克利福德＋查利（Clifford+Challey）设计，他们专门设计独特的刺绣，其灵感来自客户所处的自然环境、个人兴趣、建筑细节等。这一刺绣作品的颜色和图案，象征着箭头湖这一地区能发现的各种自然元素，如松树、山茱萸和羽扇豆。

继承下来的服饰或纺织品

在俄罗斯，中世纪贵族的服装上常常缝制宝石，这既是一种装饰文化，也是宝贵的传世物件供儿女继承。许多人继承了其祖母的亚麻织品，上面有精美的手工刺绣或贴花。对传承下来的纺织品或服装进行再利用，在设计时添加宝石或珠宝首饰，就是在打造新的现代传世服装。

在这件黑色罗缎外套连衣裙上，花卉图案的刺绣是在连衣裙缝制之前，通过贴花的方式添加到衣片上的。从一件破旧到无法穿着的古老丝绸夹克上，将仍然完好的刺绣部分裁剪下来，添加粘合衬小心保存，并手工缝制到了新外套上。

以这种方式对装饰进行再利用是值得的，它加强了慢时尚的价值。使用继承下来的面料或服装，在设计中添加宝石或珠宝首饰，就是打造新的现代传世服饰。

上图：2011年凯洛琳·齐埃索将一件古老中国夹克上的花卉图案刺绣通过贴花的方式缝制在这件黑色罗缎外套连衣裙上。

上图的附图：为了在缝制前确定贴花的位置，先将刺绣图案打印出来，然后放到坯布样衣进行测试，直至确定最终位置。

2009年，由克利福德＋查利为圣理查德教堂（St. Richard's of Chichester）设计的法衣。

一流装饰工艺

Lesage工坊和 Lemarié 工坊复杂而精美的装饰刺绣是卓越工艺的典范，将刺绣作品提升到了艺术的境界。法国传统装饰的风格和技巧多样而丰富，是因为他们融合了世界各地的技艺，包括欧洲、波斯、印度、中国和中东地区。

中村世纪（Hiroki Nakamura），visvim WMV

中村世纪是一位真正打造当代传世服装的设计师。从其设计作品的深度、全面和高超工艺中可以看出其价值。

中村世纪常对纺织材料进行再利用，更重要的是，他会改进这些面料，使这些面料具有个人风格。他从传世服装中汲取灵感（如复古的美式风格服装、日本江户时期的服装、法国劳动服、北美原住民和芬兰萨米文化的服装），力求打造出一种既表现过去的魅力和品质、又适应现代生活的新风格。

> 我们从人类历史中汲取灵感，重新认识旧知识，并将其应用于当下。我们的目标不是简单地复制过去的作品。我们是想用当前的工业技术改进过去的事物，打造出能经受时间考验的新物件。在visvim，我们希望"再现传统的活力"。
>
> 中村世纪

祖传文化的庄重感

一些土著部落和文化古国的传世服装世代相传。数个世纪以来，北美原住民打造了无数美丽的服装。在短短100年间，他们的文化被摧毁，那些保存下来的传世服饰具有祖传文化的庄重感，因为这些服饰是对过去的视觉记录，具有重要意义。

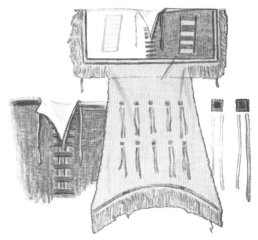

左图：Lemarié 工坊为香奈儿打造的装饰，展现了卓越的工艺。
上图：约1850年，插画师马克斯·卡尔·蒂克（Max Karl Tilke）绘制的北美原住民的服饰。

他直接与纺织厂合作，分析复古面料，决定如何对其重新打造。中村经常与工匠一起工作，他们传承一些实践方法和传统，如果没有他们的关注和应用，这些实践和传统可能会因无法受到关注而销声匿迹。

2017年，中村世纪在东京亲手处理由他原创的 Dry Denim® 面料制成的服装细节。在日本，他使用专为 visvim 品牌制造的丹宁，采用了复杂且难以控制的技术，打造出复古牛仔布的真品感和"干"的感觉。这些布料能经受强烈的西海岸阳光的照射，能耐受美国洗衣机的猛烈甩打。经过各种质地和颜色的处理和完善过程，使 visvim 的每个设计作品都具有卓越和独特的品质。

练习:
传世服装开发

进阶练习:寻找一块复古面料,并按照以下概述的步骤,打造出自己的现代传世服装。首先尝试用该面料进行实验性立体裁剪,有助于激发设计想法。正如以下的做法,首先在1/2小人台上进行坯布的立体裁剪,使用经济的裁剪方式,呈现坯布的最佳效果。

细缝扎染(Shibori)和贝壳

这个设计将结合使用古老的细缝扎染棉布和精致的米色贝壳,其灵感来自"地球遗产"灵感板,以及"倾听自然"这一理念。打造带有"灵气"的服装,需要花时间感受布边磨损后的粗糙感、贝壳光滑细腻的质地,查清楚哪种类型的设计最能展示这两种元素的特质。

传世服装设计遵循慢时尚的道德准则,放慢了时尚的步调,因为它的制作需要经过深思熟虑,目的是让穿着者感受庄重感、深度和耐用性。因此,选择像丘尼克这样的经典廓型是最好的,花时间手工串贝壳是有价值的。

准备工作

灵感来源

- 很久以前我从一位旅行者那里购得这块复古布料,其来源不详。深靛蓝和奶油色的色彩搭配、褪色的表面和毛边样式使面料与众不同。贝壳有些是在家附近的海边散步时收集的,有些是新西兰的一位朋友带给我的。虽然贝壳表面看起来很脆,但实际上很坚固。
- 我希望传达这样的感觉:赤足踩在温暖的沙滩上,微风抚过宽松的细缝扎染布,感受着海洋的咸湿空气。这件服装穿起来应感到舒适,让人对材料之美心怀感激。

研究

- 这种染色技术可以追溯到8世纪中叶的日本,有时使用防染法,有时使用蜡染法,但通常情况下是通过扎绑或夹紧面料来形成图案的。这种染色技术已在许多文化圈中被广泛采用,并形成了各种有趣的效果。

面料/饰边

- 首先进行实验性立体裁剪,然后评估面料,以深入了解这块珍贵的面料。
- 在不剪裁面料的情况下进行立体裁剪,感受其重量和手感。
- 研究体量,分析可以与现有面料量适用的设计方案。
- 注意颜色变化、褪色或不得不避开的区域。
- 这一布料是多条长窄机织布带经手工缝合在一起的,有几处破损的地方。

225

第九章 传世服装的立体裁剪

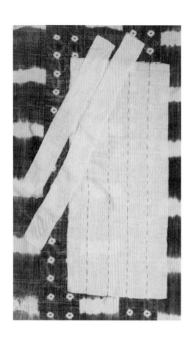

在这张图上，红色的缝线表示手工缝制的布带宽度，较短的布带表明这些布带上有破损。

设计开发

为了设计出丘尼克上衣，要根据原布料的比例裁剪坯布，并在 1/2 小人台上进行立体裁剪：

- 坯布已经采用淡蓝色粉笔进行涂抹，表示两种不同的细缝扎染图案，有圆点的图案和有条纹的图案，便于捋清布料的图案排布。
- 在 1/2 小人台上立裁丘尼克上衣。
- 这些衣片的组合似乎非常自然。布片的尺寸足够制作丘尼克的衣身、袖子、腰带和颈饰。甚至还有足够的布料用来制作一个口袋和翻盖。

根据 1/2 小人台的立裁绘制平面草图，以便确定纽扣、扣合件等的确切位置。

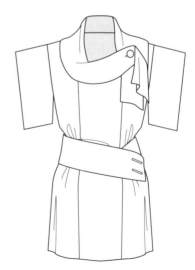

⬥ 立裁步骤

 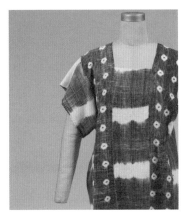

第一步

- 根据1/2小人台上的缝线，对最终设计面料布片进行裁剪或拆线，开始标准尺寸的立体裁剪。
- 参考第112页、第117页、第123页提到的方法放大1/2小人台的立裁作品。因为我们的面料有限，所以可以直接重新进行标准尺寸的立裁，对1/2小人台上立裁作品的衣片进行编号，利用编号作为指导已足够。
- 首先，在主要衣片中间剪出一个洞作为领口，然后将半张布片的边缘与主要衣片对接，缝合侧缝。
- 测试腰带的样式，看看哪种图案的效果最好。

第二步

- 将袖子衣片对折，使折痕位于肩膀的顶部。
- 在这里，从袖窿最高点到袖窿中部用珠针固定袖子，从袖窿中部往下使袖子和衣身分开，似乎垂感会更好。

第三步

- 对衣领进行立体裁剪，使开口位于左肩，将后中线到左肩衣领布料的底面向上翻转。
- 在腰带上缝上口袋和翻盖，腰带使用纽扣固定。
- 添加贝壳：
  如果需要加固，可以用凝胶介质涂抹贝壳。
  使用细钻头小心地打孔。
  使用涂蜡的棉线缝上贝壳。

评估

- 参见"评估指南"（第59页）。
- 这款丘尼克上衣有着永不过时的廓型和剪裁，还添加了可以脱下来的围巾衣领和腰带，具有实用性。
- 最初灵感或情绪板的视觉效果已经呈现了出来，这款设计让人感觉舒适而现代，体现了"地球遗产"的感觉。

- 贝壳色泽柔和、细腻，声音悦耳动听，有助于设计的情感表达。
- 拍摄一些照片进行研究。
- 做一些笔记。

案例：
现代传世服装的立体裁剪

进阶练习

从一个历史时期选择灵感，这一历史时期的装饰对你个人来说要有一定的意义或者具有象征意义。将这种装饰转化到当代设计中。参考以下步骤，打造出属于自己的现代传世服装。

"圣者降临"连衣裙，由Lesage工坊制作装饰

"圣者降临"连衣裙的灵感故事来自于我参观了意大利锡耶纳中世纪大教堂，大教堂历史悠久，细节精美。大教堂内，施洗者圣约翰壁画由精致的掐丝铁门所保护。透过这扇门欣赏壁画，就像是透过彩色玻璃或万花筒看到了某件珍贵而神秘的事物，给人以安全、平静之感。

在开始打造一件能够作为传世服装的设计之前，回顾"优秀设计的十大原则"（第17页）。追求打造一件经典的、超越时尚趋势的作品。思考第三章"从原型到立裁的方法"中讨论的那些永不过时的模板。融合"高级定制的十大要点"（第21页），确保作品能够达到卓越的工艺水平。在坯布准备、其他准备工作、立体裁剪过程以及用坯布样衣进行全面试穿时，采取适当的步骤，所有这些都将帮助你达到最好的效果。

被掐丝铁门保护的壁画图片，这一幕似乎象征着具有历史意义的巴洛克式华丽珍贵的刺绣受到Lesage工坊现代技术的保护。

休伯特·巴雷尔，Lesage工坊的创意总监

对页：透过掐丝保护铁门观赏圣约翰施洗者的壁画。

右图：我曾用来研究壁画色彩和线条特点的图片。

下图：从地板到天花板全是抽屉的Lesage工坊塔楼中的档案室，这是一间藏宝屋，有19世纪50年代至今的刺绣样本。

准备工作

灵感来源

再次参观巴黎标志性Lesage工坊，看到他们精美细致、带珠绣和亮片的刺绣作品，不禁让我回想起在锡耶纳大教堂看到的壮丽景象。当我向Lesage工坊的创意总监休伯特·巴雷尔（Hubert Barrère）展示我拍摄的那些受铁门保护的壁画照片时，连衣裙的设计灵感便成形了。

休伯特向我展示了更多Lesage工坊中美丽的刺绣样本，他认为这些刺绣完美融合了现代与巴洛克风格。我们的设计理念是：通过数字印花的方式将锡耶纳大教堂的图像打印到连衣裙或外套上，然后用Lesage工坊的刺绣来装饰这些印花。最终，

将3D打印的装饰叠放在最上方，表示那扇铁门。

研究

我的研究包括：

- 研究锡耶纳大教堂壁画的图像和照片，确定哪部分图像最适合作为印花。
- 研究永不过时的连衣裙和外套造型。
- 研究Lesage工坊的历史样本。
- 学习将要使用的技术，以便我能有效地与Lesage团队沟通装饰设计。

设计开发

连衣裙或外套的风格应该既现代又经典，因为我们要打造的是传世服装。这款服装必须有足够的留白，这样能更好地呈现印花和装饰。

一些初步草图已经完成，向休伯特（Hubert）展示。在继续查看刺绣和饰边样本的同时，我们讨论服装的设计，更加明确关于装饰的想法。

面料

在对各种面料进行实验性立体裁剪之后，我觉得既能够搭配数字印花又适合添加装饰的面料选择是羊毛真丝混纺面料和四层真丝绉纱面料。两种面料都厚实，垂坠感强，同时又给人柔软和华丽的感觉。

在数字印花过程中，将测试这两种面料，来确定哪种面料效果最好。

左上图：永恒模板的设计草图，有飞行员夹克、经典女士衬衫和风衣。

右上图：查看百合花和玫瑰花掐丝图案的装饰样本。

下图：最终敲定设计款式。连衣裙的长度将落地，并且比草图更加贴身，这样更适合用来做晚礼服。透明前片将会被去掉。

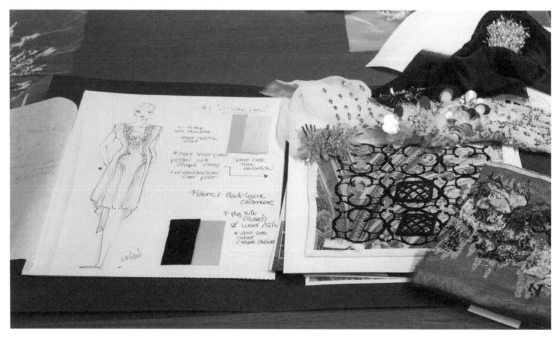

平面草图

在选择好面料后，便可以确定制作细节，并完成平面草图。将分开制作连衣裙和塔巴德式外衣，这样可以更方便拿给工匠进行装饰。从风格上讲，塔巴德式外衣的造型是一款前卫的外衣样式。尽管面料按照斜纱方向立裁的垂感效果很好，但我们选择按照经纱方向进行立裁，因为这样能够增强连衣裙的稳定性并强调塔巴德式外衣的垂直线条。

坯布准备

选择一种与最终设计面料各方面都相似的坯布是很重要的。在这里，我选择了纯棉斜纹布，其手感比标准的斜纹布稍重。我会在立裁之前，先清洗坯布，使其更接近真丝面料的垂坠效果。

- 绘制坯布准备示意图。
- 撕布、矫正并熨烫坯布，恰当标记纱向线。
- 人台准备：添加填充的手臂，有助于进行露肩款式的立体裁剪。

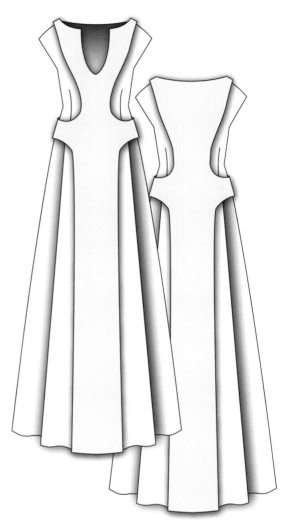

坯布准备

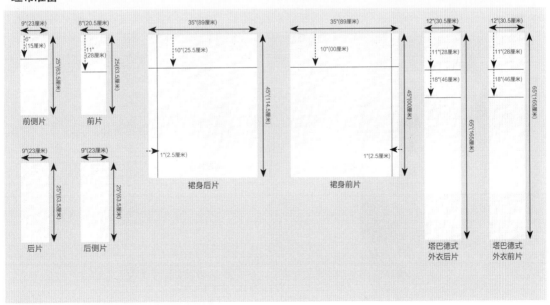

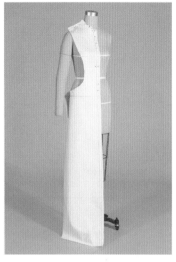

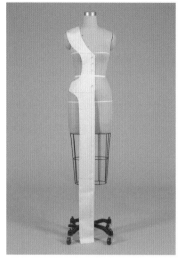

第一步

- 在设计塔巴德式外衣的造型时，将坯布的前中线与人台的前中线对齐，然后修剪领口和肩部区域并打剪口。
- 在剪掉前侧片之前，大致地用标记带贴出或直接标记出塔巴德式外衣上半身的造型，留出至少2.5厘米的缝份量。在臀围线以下用标记带贴出或直接标记出造型，从远处观察确认后再进行剪裁。
- 对后片重复同样的步骤。

第二步

- 将坯布从人台上取下，然后标记并修正塔巴德式外衣，有助于连衣裙的立体裁剪。

  注意：在初步进行立体裁剪之后，造型可以在后期进一步细化。
- 准备已修正好的塔巴德式外衣坯布衣片：

  在所有边缘的缝份处采用机器进行粗缝。

  在曲线处打剪口（使曲线更平滑），然后在缝线处将剪口向内翻并烫平。

  手工将缝份量向内粗缝。

第三步

- 对于前中衣身衣片，采用从原型到立裁的方法，因为连衣裙必须与塔巴德式外衣的造型保持一致。
- 将已修正好的塔巴德式外衣前片上半部分（从上臀围线到肩部）的造型拓印到新的坯布上，开始对连衣裙进行立体裁剪。

  注意箭头：坯布上的点状线标记的是塔巴德式外衣样板的领口线
- 采用珠针进行固定，对齐坯布的前中线与人台的前中线，并将肩部裁剪成塔巴德式外衣的样式。
- 放上前侧衣片，使中间的纱线竖直下垂。
- 为袖窿打剪口并开始固定公主线接缝。查看草图的人体工学：腰部应该合身，但在袖窿处有更多空间。
- 修剪腰部的侧缝区域，使衣片平整。

　　为了使低袖窿的袖子立体裁剪产生与众不同的效果，这里使用了一件参考服装。来自寇依（Chloé）2018年春夏系列的这款袖子样式是我们所需要的。这张图片作为参考，有助于设计出想要的袖子造型。

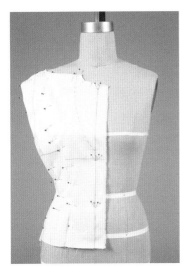

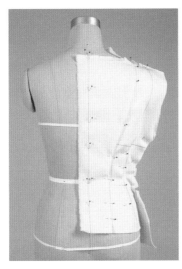

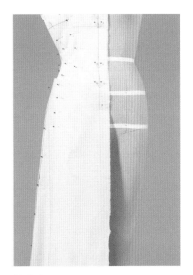

第四步

- 将前中衣片固定到前侧衣片之上。
- 完善肩部和袖窿区域的立裁。
- 如果需要使腰线处更紧身一些，可在前侧衣片的中间固定一个省道。

第五步

- 将塔巴德式外衣后片的样板拓印到坯布后片上，重复和前片一样的从原型到立裁的方法。
- 开始后片的立体裁剪，先固定后中线和肩部。
- 重复前面的第三步和第四步，并连接侧缝。

第六步

- 对裙身前片进行立体裁剪，大约在公主线区域折叠一个宽刀褶。
- 对裙身后片进行相同的操作。
- 在侧缝处使前片覆于后片之上。

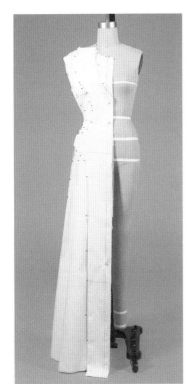

第七步

- 将已修正和准备好的塔巴德式外衣坯布衣片置于裙身之上，对齐前中线和后中线。
- 在已固定好的裙身上，检查塔巴德式外衣的比例和造型。
- 评估和调整：

    塔巴德式外衣在胸部区域略微外扩，可以通过一些塑型处理来改善，这一步将在制作过程中完成，但在标记时，请注意胸高点上下大约5厘米的地方，这个地方需要收紧大约1厘米，使布料紧贴胸部区域，使塔巴德式外衣更合身。这个制作细节也可以用在外衣的上边缘，因为塔巴德式外衣涉及身体前面和侧面，应用这一制作细节能够使上臀部更合身。

    注意：在进行立体裁剪时，应尽可能长时间地保持前中线一直固定到颈围接缝上，有助于在处理袖窿和后片时，稳定衣身。

标记和修正

- 在标记立裁作品时要格外小心，确保在胸部和上臀部标记松量，还要标记塔巴德式外衣与裙身相接触的位置。
- 修正样板，然后增加缝份量，并重新固定坯布到人台上。
- 根据需要进行更多修改。
- 裁剪并缝制坯布样衣。

修改试穿样衣

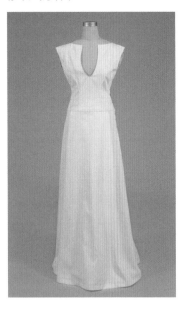

第一步

- 将连衣裙试穿坯布放在人台上进行检查。
- 评估整体外观。
- 评估合身度、领口深度和袖窿造型。
- 参考第232页的蔻依袖子，观察是否呈现了同样优雅的造型。

第二步

- 将塔巴德式外衣放到连衣裙上，使侧缝对齐，将外衣套在连衣裙之上。
- 确保塔巴德式外衣在侧缝线的连接平整。

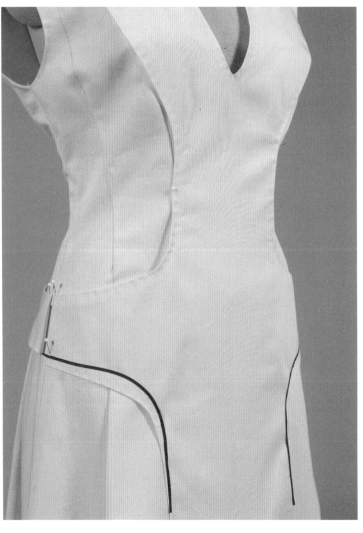

第三步

- 评估塔巴德式外衣的造型并根据需要使用标记带修改。
- 在这张图上，在塔巴德式外衣前片的臀部区域需打造出新的线条。使曲线稍微向内弯一点，会使线条更好看。

第四步

- 收紧连衣裙衣身后片的公主线接缝，使衣身更加贴身。
- 调整塔巴德式外衣后片，与连衣裙对齐。如上图所示，将塔巴德式外衣肩部的后片向上提，并与连衣裙的领口线对齐。样板将根据此进行更正。

数码印花步骤

印花选项A：手绘设计。

印花选项B：演变技术印花。备注：略微模糊，需要添加装饰以增强清晰度。

印花选项C：Wasatch技术印花。备注：类似于模糊效果，但颜色有点暗淡和单调。

备选印花一：演变技术印花。备注：比例太大。

备选印花二：升华技术印花。备注：印花太暗。

第一步

- 下一步是获取必要的版权许可，这样就能得到一个可以使用的数字文件。购买到的印花文件是教堂的整个天花板图案，这提供了许多印花供选择，方便在塔巴德式外衣连衣裙上进行印花打印。

- 仔细分析，放大一些区域以研究哪些区域最适合塔巴德式外衣的造型。

第二步

- 有多种印花技术可供选择。将两种面料的衣片，即真丝羊毛混纺和四层真丝绉纱面料拿去进行测试，分析哪种印花在两种面料上效果最佳。

- 印花选项A，手绘样本：这种与众不同的方法可能适用于更轻、更具绘画风格的面料。

- 印花选项B，演变技术：产生略微模糊的效果。如果添加的装饰能增加清晰度，那这种印花会产生有趣的效果。

- 印花选项C，Wasatch技术：颜色清晰度较低，样式单调。

- 备选印花一表示采用了演变技术，以更大的比例检查色彩饱和度。

- 备选印花二采用了升华技术，尽管图中的颜色略显暗淡，需要调整，但我们最终选择了这个印花样式。

印花在四层真丝绉纱面料上看起来更清晰，因此我们选择了这种面料。四层真丝绉纱面料必须经过涂层处理才能吸收数码印花，进行印花处理之后还会洗涤面料。根据我的经验，真丝面料洗涤后通常会产生有趣的质地，所以我确信这种面料非常适合用于这一设计案例。

第三步

- 在选定的面料上测试比例和色调，找到满意的效果。

- 继续测试升华印花，并提交"色彩参考片"供数码艺术家用作指导。

- 在左图中，进行了两次不同的印花测试来确定色调。

- 在正式印花前测试添加粘合衬的效果。

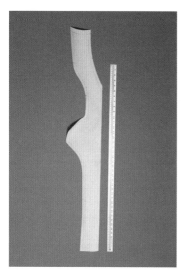

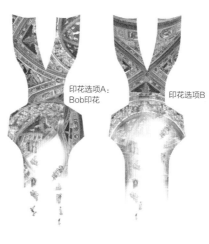

印花选项A：
Bob印花

印花选项B

第四步

- 准备为塔巴德式外衣面料进行印花处理。
- 开始时必须将塔巴德式外衣的样板数字化，以确保印花能够精确地印在样板上。
- 在样板旁放一把尺子，确保比例是正确的。
- 扫描样板。

第五步

- 接下来，根据已获版权的印花，为塔巴德式外衣样板衣片创建印花设计的数字文件。这是一个耗时但非常重要的工作，因为印花必须经过精心设计，完美适配数字化的样板。同时，印花的总体感觉需体现在其排布上。尝试多种排布方式，包括对称和非对称的，然后选择一个最适合的。

我们为塔巴德式外衣的设计创建了两种印花方式，一种是对称的，另一种是非对称。

我们选择了非对称的设计。现在，在印花设计中添加大量缝份，为面料进行印花时出现不精确的情况做准备。

"圣者降临"

正如"引言"中关于灵感板的讨论，使用描述性短语来定义你的作品是有帮助的。此时我决定将这件服装命名为"圣者降临"（Saints Descend to Earth）。我喜欢塔巴德式外衣从上到下印花逐渐淡化的样式。图中的圣人单独凸显了出来，他们如羽毛一般轻缓地向人间降临，正如我们所希望的那样。

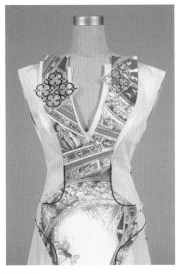

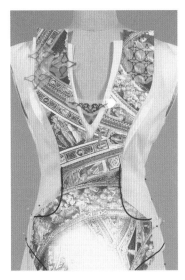

第六步

- 为了测试印花在塔巴德式外衣上的效果，将选定的印花样式打印在纸上，在试穿坯布上进行测试。
- 将纸质印花放到试穿坯布上。
- 用珠针在肩部和侧缝线处轻轻地将纸质印花固定。
- 记录需要对印花设计做出的调整。

第七步

- 为了再现大教堂中掐丝铁门的样式，从大门照片中提取了两种不同的图案，打印在了醋酸透明塑胶片上来测试尺寸和位置。
- 一个图形是圆形玫瑰花纹（如图所示），另一个是有尖点的，即百合花纹。

  注意测试两种图案的不同尺寸。

- 这张图上展示的是百合花纹。
- 领口线上的花纹：用来测试铁门上的一段图案。

  选定的图案和尺寸将发送给Lesage工坊，来制作成三维立体的装饰。

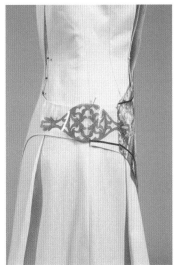

第八步

- 我认为在这件添加了装饰的连衣裙上添加定制的金属扣合件会很有趣，可以装饰在塔巴德式外衣的领口或作为臀部带子的扣合件。

- 在分析了几种方案后，我认为连衣裙的设计已经十分复杂，因此决定最好只保留前片的立体处理方式来呼应铁门。或许金属扣合件太过直接了。

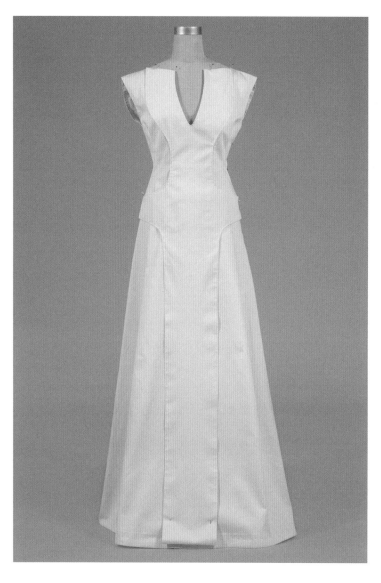

第九步

- 裁剪一段面料送去印花。首先，为了提高稳定性，应先为面料添加粘合衬。装饰本身具有相当大的重量，因此需要为面料提供一些支撑。
- 用标记缝的方法在面料衣片上标记出样板的线条。
- 在各边留出足够的缝份量（至少5厘米），由于印花可能会不精确，所以可能需要在面料上调整样板线条。

第十步

- 保存印花公司的测试衣片，发送给Lesage工坊制作装饰样品。
- 休伯特将完成一个装饰样本，这样便于我们讨论相关问题或其他想法。
- 然后对以下内容做出决定和调整：
  装饰的密度。
  亮片和珠子的平衡。
  颜色。

第十一步

- 在试穿坯布上测试装饰样品。
- 正式开始制作之前，向制作团队传达必要的更正或反馈信息：
  给出的更正是，装饰在肩部重量最重，向塔巴德式外衣的下边缘逐渐变轻。
  外衣底部的装饰应有一种"连接"降临圣人的感觉。目前布料上只有印花，看起来孤零零的，可以用一些线条或珠子来补充。
  外层装饰的开口需要足够大，以便通过开口看到印花和装饰。
  掐丝外层应在肩部最密集，到臀部区域周围逐渐消失。

第十二步

- 现在将印花完成的塔巴德式外衣送至Lesage工坊完成制作。

  将Lesage工坊制作的样品固定到了立裁作品上，并且就比例、颜色、装饰密度以及立体外层装饰的间距对样品进行了研究。

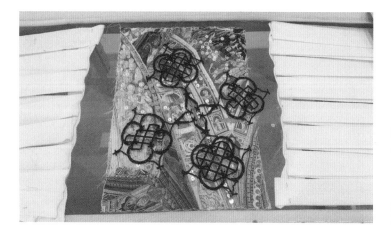

休伯特·巴雷尔和工匠负责人讨论"圣者降临"作品的细节。将采用卢内维尔刺绣技术（使用钩子），这是一种特殊类型的钩针刺绣。

Lesage工坊制作刺绣和装饰

Lesage刺绣工坊的工作环境对细节严格把控，安静而正式。工匠们技艺精湛且训练有素，身处的环境一尘不染，他们对工作的自豪感是显而易见的。

现在塔巴德式外衣衣片在Lesage工坊，要完成这一服装设计项目还需经过许多步骤。其中第一步是休伯特和首席装饰设计师就技术和材料进行讨论。

我会对他们的决策提出建议，但由于他们是进行制作的工匠，我想在遵循设计指导原则的情况下，尽可能给予他们创作的自由。

先会按照样品的款式，装饰亮片和珠子。这些完成后，便会制作铁质掐丝外层装饰。

按顺时针方向，从左上角的图片开始：在刺绣台上收集一系列将要使用的材料，使用最高品质的金色金属丝来缝制亮片，金色斑纹亮片和光滑的苹果绿亮片。

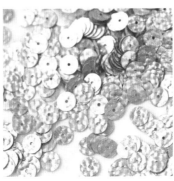

在印花上开始刺绣工作。标记缝（注意印花上的白色缝线）是样板的毛缝线，因此珠子和亮片装饰将精确地在那条线处结束。

沿着印花的线条进行刺绣装饰。

在根据印花图案进行装饰时，对细节的精确把握极大地增强了艺术表达的深度和丰富度。

铁质掐丝外层装饰的处理流程

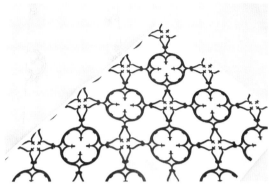

将使用按比例放大的玫瑰和百合图案打印稿。这款设计图案将打印在一张非常轻的塔巴德式外衣纸样上，以备打孔和打粉标记过程使用。

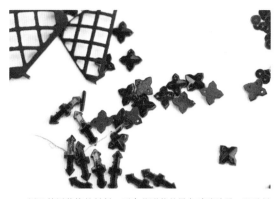

用于外层装饰的材料：百合花形状的黑色玻璃珠子，以及黑色3D打印的框状部件。

为外层装饰制作过程进行打孔和打粉标记

用于标记过程的粉笔和毛毡。

用于打粉标记过程的工具。

开始费时的打孔工作。这张图中，使用了小型电动机来完成工作。在工坊中，有一台有趣的旧式手动机器，使用起来必定更加耗时。

打孔过程会在轻薄的纸上打孔，这些孔在下一个步骤能使粉笔标记通过。打孔过程大约会花费12个小时来完成塔巴德式外衣的前片。

241

使用重物将纸固定，纸上的小孔使得粉笔粉末下落，并在其下形成网点留下标记。

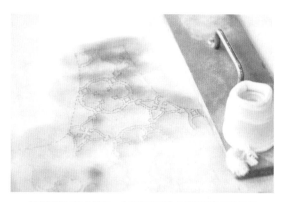

随着打粉工作的进行，玫瑰花和百合花外层图案开始显现。

在打粉后形成的图案表面上涂上一层固定剂。

网点标记形成的完整图案。

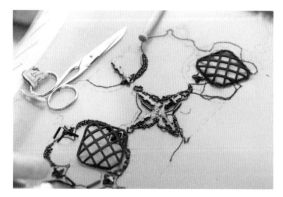

在这张图上，纸张放于装饰材料之下以显示图案大致轮廓。

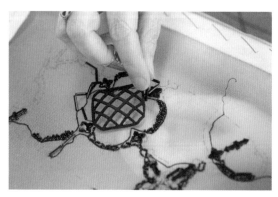

卢内维尔刺绣技术同时从面料的两边将珠子缝制到面料上。

在一周内完成"圣者降临"塔巴德式外衣的装饰，并送回洛杉矶进行连衣裙及其塔巴德式外衣的最后制作。

- Lesage工坊送来了制作好的塔巴德式外衣的刺绣和装饰。在工作室里，当我拆开经过装饰处理的塔巴德式外衣时，我的团队成员们都安静了。
- 见到这么美丽的工艺品，令人十分激动。
- 注意塔巴德式外衣上手工缝制的形状。

裁剪并缝制连衣裙

- 已经准备好对连衣裙进行裁剪和缝制。
- 清洗四层真丝绉纱面料，除去连衣裙衣片上的涂层。绉纱织物在清洗过程中会变形缩水，所以必须在工作台上重新矫正。
- 像为塔巴德式外衣添加支撑那样，根据需要在连衣裙的相关区域添加粘合衬。

手工制作的刺绣，工艺细腻而精巧，令人惊叹，但要达到这一点，不能仅仅只关注缝纫时长或技术技巧。手工刺绣触及更深层的情感，以一种我们无法解释的方式沟通着灵魂。最重要的是，我们的职业是对爱和完美主义的追求，一种要求严苛的爱。我们每天都用自己的双手向我们傲慢的缪斯致敬。就像所有疲倦的恋人一样，我们常常反抗我们女主人的专横，这是一个美妙的爱情！

休伯特·巴雷尔，Lesage工坊创意总监

工艺技术非凡卓越，工匠们打造了一件美丽的艺术品。

高级定制的细节

- 在之前的立体裁剪中，为使胸部和上臀部更合身，我们使用珠针在这些部位做了标记，现在在这些区域留出松量，然后应用真丝完成外边缘的处理。
- 缝制滚边时要非常仔细，若毛缝线处有装饰，那么需要移动这些装饰。

- 在上图中，一层海毛帆布和一层柔软的羔羊毛缝在了塔巴德式外衣内侧，增加了厚度和支撑性，还能够使连衣裙内衬上的立体凸起更平整。
- 对滚边的缝份量打剪口并交叉缝制到海毛帆布上，有助于滚边向内卷。

评估

- 参见"评估指南"（第59页）。
- 装饰很好地呈现了最初的灵感。
- 四层真丝绉纱面料展现了所期望的奢华感，同时具有支撑装饰的重量和稳定性。
- 人体工学特点：服装的松量非常合适，既合身又性感，还很舒适。背部腰带的造型也恰到好处。
- 制作特点：制作上的高级定制细节是整体设计成功因素的一部分。

  体现了现代传世服装的特点：

- 真品，即真正的物品。连衣裙在面料与装饰方面的设计十分优秀。连衣裙的设计开发经过深思熟虑，其装饰也是经过仔细思考的，并以最高的品质进行了专业制作。

- 经典的裁剪方式：塔巴德式外衣的设计可以追溯到中世纪，但外衣的概念却在当代服装系列中才出现。因此，这款服装将新和旧结合起来，可以认定是一款永不过时的裁剪作品。
- 一流的装饰工艺：Lesage工坊在技艺娴熟的员工和总监的带领下，展现出极高的工艺水平，完全可以称其为一件艺术作品。
- 具有精神或象征意义：正如休伯特所言，这条连衣裙的象征意义在于，就像铁门保护锡耶纳大教堂的古老壁画一样，Lesage工坊的现代技术也保护着其古老珍贵的遗产。
- "圣者降临"图像的精神意义是对一种美好的默默祈祷，这种美好是我们忙碌的现代生活所需要的，这种精神通过我们的服装帮助世界变得更美好。

术语表

先锋派：比其他人超前的、在任一领域处于领先地位的群体，通常会采用一些实验性的或非传统的技术。

小折边：一种非常细腻的、很窄的下摆，需折两次，通常采用3毫米到6毫米的线迹缝制。

粗缝：一种松弛的缝线，在正式缝制前，用来固定接缝或下摆。

斜向纱线：是一种纱线方向，与经向线或纬向线呈45°角，布料沿斜向纱线悬垂时，针线能张开、拉伸和延展。

波蕾若：一种齐腰夹克。

布哈拉硬布：一种非常硬的支撑织物，通常用于制帽。

紧身胸衣（Bustier）：作为外穿衣物穿着，通常在接缝处使用撑条作为支撑。

CAD（计算机辅助设计）：有样板制作和放码软件的自动样板制作系统。

瀑布褶：将圆形布片垂直放置形成的斜向流动褶。

经典风格：审美上风格内敛，坚持采用传统样式和实用的应用方法。

对比面料：在设计中采用的第二种面料，通常用料比主面料少。

紧身胸衣（Corset）：用作支撑的打底衣，其上有撑条并饰有蕾丝。

垂褶：将一段长度的面料向内调整，提升面料饱满度并在面料中间形成褶皱。

纬向纱线：即面料的纬纱。

水晶洗：一种染色技术，相较于标准的渐变染色，经水晶洗的布料边缘更挺括。

松量：使服装穿着舒适合身而有意留出的面料，松量有时也可用来打造某种风格。

装饰物：添加到设计中的任一类型的装饰品。

人体工学：研究合身度与活动性的一门学科。

表面：面料的正面。

花式针迹接缝：一种特殊的缝纫技术，使用一系列针线将两片布料缝在一起，形成装饰线迹。通常采用6毫米线迹。

细丝：在时装业指的是一种嵌入下摆中的尼龙线，使下摆突出。

平面草图：用来绘制比例、接缝位置和制作细节的二维草图。

荷叶边：一个直边或圆形的衣片，通常缝在裙边，也可以沿对角线放置。

基础胸衣：一种有撑条的紧身胸衣，缝制在晚礼服等服装内部。

法式接缝：一种精致的接缝处理方法。首先将两种面料在接缝处缝合，然后将缝份修剪得非常短，接着将这些缝份向内翻折并再次缝合，使原布料边缘封闭在第二次缝线内。

粘合衬：一种支撑面料，具有胶粘剂，通过加热可与布料粘合在一起。

服装染色：一种染色技术，是在服装缝制后将整件服装浸入染料中，而不是对面料或裁剪布片进行染色。

Gerber系统：一种计算机样板制作系统（见词条"CAD"）。

三角布：一种三角形嵌布，用来增加饱满度或形成某种风格，通常用于下摆处。

纱向线：经纱和纬纱针线的方向。经纱即经向纱线，纬纱即纬向纱线。

哈卡马裙裤：源于日本的阔腿、刀褶裤装。

传世品：一件代代相传的珍贵工艺品；在服装业，指想要永远存世的服装。

马鬃织带：一种网状裙撑，用来作为支撑材料，最常用于下摆，也用于帽子、袖口边缘或需要特定形状的地方。

插花：即日本花道，一种精神实践。

内缝：裤子裆部到下摆的接缝。

正式上衣（Kamishimo）：日本武士每日穿着的正式服装；这种两片式服装由上身服饰和肩衣组成，肩衣形成塔克褶扎进裤子或哈卡马裙裤里。

肩衣：由历史上的日本武士穿着，形似背心，肩部宽大，像翅膀一样，前片窄，后片宽，后片在背后垂下。目前，肩衣只由皇室成员作为典礼服饰穿着，或出现在歌舞伎剧场。

经向纱线：即面料的经纱。

生菜叶下摆：像生菜叶边缘扭转卷曲的形状，在缝纫小折边时轻轻拉动小折边就能形成生菜叶下摆，或将一根细丝嵌入小折边使其卷曲也能形成这种下摆。

模拟：一种试验技术，用来展示成品的样式。

情绪：由色调形成的情感状态。

坯布：一种本色棉织物，有各种不同的重量，通常用来立体裁剪或制作样衣。

绒面：天鹅绒或灯芯绒就是有绒面的面料，在这些面料上有突出来的纤维，这些纤维朝特定方向下垂。在制作过程中，带绒面的面料必须有向同一方向裁剪的裁片，否则这些裁片就会产生不同的阴影和光泽。

和服腰带：一种日式风格的腰带，通常很宽且硬挺。

渐变染色：一种由浅至深的经典染色技术。

折纸：即日本的折纸艺术。

装饰：面料或服装上添加的点缀，可以是图画或印花等二维装饰，也可以是特殊处理或装饰物等三维装饰。

睡袍：一种轻薄晨袍。

彼得沙姆丝带：以棉、人造丝或粘胶制成的多种宽度的棱纹带子，由于不像罗纹带那样具有饰边线，因此可以使用熨斗塑形，并且在造型过程中有多种用途。它的边缘有些不均匀，有时被称为"老鼠牙"。

计划性淘汰：在服装业，计划性淘汰是指经一定洗涤次数之后服装就会磨损。

公主线：位置大概在侧缝和前中线接缝中间的接缝。

浪漫风格：注重本能和直觉力量的风格。

砂洗：一种通过用砂砾或任何能摩擦织物表面的材料清洗面料，进而软化面料并改变其质地的方法。

主面料：服装的主要面料，耗用码数最多的面料。

慢时尚：一种关切和解决服装产业可持续性问题的运动。

升华印花：一种使用热力和墨水印刷织物的方法，能将设计从纸张转移到面料上。

打线丁：通常在定制和高定中使用，用来标记省道和样板线，在某些质地细腻或厚重的面料上适合采用打线丁，用其他更简单的方式标记则不合适。

内穿短裤：宽松裁剪的短裤，通常两侧有开衩。

可撕除衣片：一种固定或粗缝到面料上以防止面料在缝制过程中伸展的制作材料。在缝制过程中足够稳固，但又很轻薄，在缝制后能够沿着接缝撕下。

模板：这里是指一种不过时且足够标准化和经典的设计，可以被用作原型。

标记缝：一种轻的、间距较大的线迹，类似于手工粗缝，用于标记纱向线、缝线，或用来指示其他所需的制作标记。

样衣：常见使用坯布制作的样身，试穿样衣用来检查设计的合身度和风格，理想情况下应该在模特身上试穿，也可在人台上试穿。样衣用于在修正过程中进行检查，然后将更正内容转移到样板上，再进行服装最终的裁剪和缝制。

色调：强度的水平和程度可使服装产生情绪。

明线：在接缝缝制后进行的缝制线迹，用于朝一个方向固定缝线，或帮助压平缝线，或作为装饰性点缀。

处理方法：添加到服装上的一种装饰类型，一般由主面料制成。

里衬（平衬）：一种支撑面料，能够保护外部面料在应力点处不受损伤、隐藏制作细节，有时通过增加重量或厚度来改变面料的手感。

中烫：在制作过程中进行的熨烫，比如熨烫接缝使其张开或朝向一边。

走接缝：在样板打版中，每条接缝必须与要缝合的接缝匹配。"走接缝"意味着检查所有要缝合在一起的接缝在长度上是否匹配。

经纱：织物的经向纱线，通常强度更好。

纬纱：织物的纬向纱线，通常强度较差。

育克：服装的一部分，如衬衫或半身裙的顶部衣片，用来支撑其他部分，通常是面料更饱满的部分。

参考文献

参考文献（Books）

色彩（Color）

Nina Ashby, Color Therapy, Plain and Simple. Newburyport, MA: Hampton Roads Publishing Company, 2018.

David Hornung, Colour: A workshop for designers and artists (3rd edition).. London: Laurence King Publishing, 2020.

染色（Dyeing）

Betsy Blumenthal and Kathryn Kreider, Hands on Dyeing. Loveland, CO: Interweave Press, 1988.

数码印花（Digital printing）

Melanie Bowles and Ceri Isaac, Digital Textile Design (2nd edition). London: Laurence King Publishing, 2012.

插画和平面草图（Illustrating and flat sketching）

Michele Wesen Bryant, Fashion Drawing: Illustration techniques for Fashion Designers (2nd edition). London: Laurence King Publishing, 2016.

Kathryn Hagen, Fashion Illustration for Designers (2nd edition). Upper Saddle River, NJ: Prentice Hall, 2005.

Basia Szkutnicka, Flats: Technical Drawing for Fashion—a complete guide. London: Laurence King Publishing, 2017.

装饰品 [Ornamentation (treatments and embellishments)]

Ellen Miller, Creating Couture Embellishment. London: Laurence King Publishing, 2017.

Colette Wolff, The Art of Manipulating Fabric (2nd edition). Iola, WI: Krause Publications, 2003.

样板制作和立体裁剪（Patternmaking and draping）

Helen Joseph Armstrong, Patternmaking for Fashion Design (5th edition). Upper Saddle River, NJ: Prentice Hall, 2013.

Dennic Chunman Lo, Pattern Cutting, (2nd edition). London: Laurence King Publishing, 2021.

Karolyn Kiisel, Draping: The Complete Course (2nd edition). London: Laurence King Publishing, 2020.

Hisako Sato, Drape Drape. London: Laurence King Publishing, 2020.

Francesca Sterlacci and Barbara Arata-Gavere, Draping: Techniques for Beginners. London: Laurence King Publishing, 2019.

Francesca Sterlacci and Barbara Arata-Gavere. Pattern Making: Techniques for Beginners. London: Laurence King Publishing, 2019.

研究和灵感（Research and inspiration）

Harold Koda et al., Charles James: Beyond Fashion. New Haven, CT: Yale University Press, 2014.

Ezinma Mbonu, Fashion Design Research. London: Laurence King Publishing, 2014.

Max Tilke, Costume Patterns and Designs.

New York: Rizzoli International Publications, 1990.

慢时尚（Slow fashion）

Peggy Blum, Circular Fashion: Making the Fashion Industry Sustainable. London: Laurence King Publishing, 2021.

Kate Fletcher and Lynda Grose, Fashion & Sustainability: Design for Change. London: Laurence King Publishing, 2012.

Sass Brown, ReFashioned: Cutting-Edge Clothing from Upcycled Materials. London: Laurence King Publishing, 2013.

缝制（Stitching）

Natalie Chanin and Sun Young Park, The Geometry of Hand-Sewing. New York: Abrams, 2017.

Anette Fischer, Sewing for Fashion Designers. London: Laurence King Publishing, 2015.

Francesca Sterlacci and Barbara Seggio, Sewing: Techniques for Beginners. London: Laurence King Publishing, 2019.

Claire Shaeffer, Couture Tailoring: A Construction Guide for Women's Jackets. London: Laurence King Publishing, 2021.

Charles Germain de Saint-Aubin, Art of the Embroiderer. The Los Angeles County Museum of Art, 1983.

纺织品（Textiles）

Clive Hallett and Amanda Johnston, Fabric for fashion: The Complete Guide—Natural and Man-made Fibres. London: Laurence King Publishing, 2014.

Clive Hallett and Amanda Johnston, Fabric for Fashion: The Swatch Book (2nd edition). London: Laurence King Publishing, 2014.

供应来源（Supplies）

School of Making, Natalie Chanin

Dharma Trading Company

Richard the Thread

Farthingales

Bohemian Crystals

B. Black & Sons

Britex Fabrics

Park Pleating

人台来源（Dress forms）

Kennett & Lindsell Ltd (UK)

Morplan (UK)

Siegel & Stockman (Paris)

Wolf Dress Forms (US)

样板来源（Patterns）

Karolyn Kiisel

图片来源

6 [credit missing]; 7 Philippe Pottier; 8 Sølve Sundsbø/Art + Commerce & © Alexander McQueen; 9 Dark Radiance mood board created by Claire Fraser; 10 Ikebana mood board created by Kirsten Taylor; 10: (top inset image) J.T. Burke, Beautiful Mask II (2009) from the series Beautiful Again; 10 (bottom inset image) tintype "Tiger Lily", Gerard Walsh, 2019; 11 Earth's Heritage mood board, created by Anita Rinaldi-Harnden; 12 Arco Images/Reinhard, N; 13 (top) Johan Sandberg; 13 (bottom left) Guillaume Roujas; 13 (bottom right) Johan Sandberg; 14 (top) © Photo by Sukita; 14 (bottom) MIGUEL MEDINA/AFP via Getty Images; 15 Public domain; 16 (top) Frank Nowikowski/Alamy Stock Photo; 16 (bottom) Sean Zanni/Patrick McMullan via Getty Images; 17 Carm Goode; 18 (top) Antonio de Moraes Barros Filho/WireImage; 18 (bottom) Victor VIRGILE/Gamma-Rapho via Getty Images; 19 Shutterstock; 20 (top) Organic Cotton Plus; 20 (bottom) Natalie Chanin, Liminal Collection, palm watercolor reverse appliqué; 22 (top) Douglas Kirkland/Sygma/Corbis via Getty Images; 23 Ellen Fraser; 27 Jean-Claude Sauer/Paris Match via Getty Images; 29 (left) Public domain; 29 (right) AF archive/Alamy Stock Photo; 30 Victor VIRGILE/Gamma-Rapho via Getty Images; 50 (right) J.T. Burke, Beautiful Mask II (2009) from the series Beautiful Again; 51 (right) "Tiger Lily", a tintype by Gerard Walsh, 2019; 56 Courtesy of Owenscorp; 57 Catwalking.com; 64 Ikebana created by Guy Blume; 67 (top) [credit missing]; 71 (top) NASA/WMAP Science Team; 78 Sølve Sundsbø/Art + Commerce & © Alexander McQueen; 79 (top) U.S. Air Force photo; 86 (right) Public domain; 94 (top) Ed Lacey/Popperfoto via Getty Images; 96 (top) Sølve Sundsbø/Art + Commerce & © Alexander McQueen; 106 Apic/Getty Images; 107 Collection of Maryhill Museum of Art; 108 [missing credit]; 109 (top left) Model: Delphine Rafferty; 109 (top right) Model: Cassandra Momah; 109 (bottom left) Model: Ondine Jung; 109 photography: Mehdi Meddaci, Frédérique Massabuau; 110 Public domain; 115 [credit missing]; 118 Vincenzo Lombardo/Getty Images; 128 Ruben Toledo; 129 (top) Photo Jean-Luce Huré; 129 (bottom) Chloé by Karl Lagerfeld; 130-131 Stéphane Rolland; 133 Jillian Ross; 137 Kathryn Hagen; 139-140 Kathryn Hagen; 148 (left) Slaven Vlasic/Getty Images; 148 (right) Getty Images; 149 Antonio de Moraes Barros Filho/WireImage; 152 (top right) Pixelformula/Sipa/ Shutterstock; 154 (left) turquoise stencil created by Ellen Wiant; 154 (right) block print design created by Erin Fisher; 154 hand-painted fabric created by Robin di Vic; 158 Anita Rinaldi-Harnden; 160-1 sublimation print for fabric created by Christopher Brown; 165 (left) Edward S. Curtis; 165 (right) Stephane Cardinale – Corbis/Contributor; 166 (top) Public domain; 167 quilt work created by Marie Kiisel; 168 (top right) Natalie Chanin; 168 (middle) Natalie Chanin; 168 (bottom right) Apricot pleating sample created by Park Pleating; 169 Richard Bord/GettyImages for Mac Cosmetics; 171 Miwa Matreyek; 172 Electronics designed by Christopher Brown; 173 Model: Claire Fraser; 174 Catwalking.com; 179 two-dimensional and three-dimensional embellishment mock-up by Claire Fraser; 180 (bottom) Courtesy the artist and Lehmann Maupin, New York, Hong Kong, Seoul, and London; 183 (bottom left and right) Sylvain Novelli at Lemarié with flower press; 184 (middle left) Eleonore Stoll at Lemarié with flower petal; 184 (middle right) Eximé-Destin Erlande at Lemarié with metal shaping ball; 185: Julie Bastart at Lemarié sewing feathers; 187 Model: Laia Bonastre; 190 illustration by Dominique Lemieux; 191 Larry Busacca/Getty

Images for Coachella; 192 Mood board created by Anita Rinaldi-Harnden; 193 (top left) Public domain; 193 (top middle) [credit missing]; 193 (top right) Public domain; 193 (bottom right) Public domain; 193 (bottom middle) Public domain; 193 (bottom right) Donna Ward/Getty Images; 194 (top) Mood board created by Anita Rinaldi-Harnden; 194 (bottom) Tony Duquette, Inc; 195 (bottom): 1930s' style hat design, Christopher Brown [there's no hat design on this page? Please confirm credit]; 196 Model: Li Liu; 199 Model: Karen Hogel-Brown; 200 (top) [credit missing]; 201 Performer: Liza Barskaya; 205 Pleating samples by Park Pleating; 208 Performer: Liza Barskaya; 209 Performer: Liza Barskaya; 210 (top) [credit missing]; 212 Model: Gerard Walsh; 214 Hand-painted embellishment by Georgette Arison; 216 Performer Anthony Jensen; 216 Hair and makeup: Naomi Craig; 217 Performers Anthony Jensen, Liza Barskaya; 217 Hair and makeup: Naomi Craig; 217 Minuet Dancer and Beaumarchais costumes co-designer: Anita Rinaldi-Harnden; 223 CLIFFORD+CHALLEY; 224 (top right) [credit missing]; 228 (bottom) [credit missing]; 224 (bottom right) Hiroki Nakamura/visvim; 229 (top) [credit missing]; 229 (bottom) Karolyn Kiisel and Hubert Barrère at Lesage; 230 (top left) Karolyn Kiisel; 232 (bottom)

Estrop/Getty Images; 235 (top left) [credit missing]; 236 (top right and bottom) digital print work by Jianren Wang; 239 Dominique Dufour and Hubert Barrère at Lesage; 240 Dominique Dufour at Lesage; 241 Luc Darribère at Lesage; 243 (top) [who took this?] Karolyn Kiisel at Lesage; 245 Model: Soleil Ife; 245 Hair and makeup: Naomi Craig.

Commissioned photography
Sia Aryai: 24, 32-4, 36-7, 38 (top middle right), 38 (top middle left), 38 (bottom left), 38 (bottom right), 39, 46 (top left), 46 (top right), 46 (bottom left), 46 (bottom right), 67 (bottom), 155, 196 (bottom right), 199 (top right), 199 (bottom left) [who took this photo?], 199 (bottom right) [who took this photo?], 203 (top), 203 (middle), 211-12, 237 (top left).

Rowan Morgan: 21, 22, 146, 151, 164, 166, 170, 180 (top), 181-7, 218-21, 224 (top left), 229 (bottom), 230 (top right), 230 (bottom), 239-42.

Gerard Walsh: 4-5, 9, 10, 11, 26, 31, 35, 38 (top far left), 38 (top middle left), 40-1, 43-5, 46 (middle), 47-9, 50 (left), 51-3, 55, 58, 60-6, 68-70, 71 (middle), 71 (bottom), 72-6, 79 (bottom left), 79 (bottom right), 81, 83-5, 86 (left), 87 (bottom left), 87 (bottom right), 88-93, 94 (bottom), 95, 97-104, 111-14, 116-17, 119-26,

134-6, 139-45, 150, 151 (right), 152 (top left), 152 (bottom right), 153-4, 156, 157 [who took this photo?], 158-62, 167, 168 (bottom left), 168 (bottom right), 172-3, 175-9, 188, 192, 194 (top), 195, 196 (top right), 196 (top left), 196 (bottom left), 197-8, 199 (top left), 201-2, 203 (bottom), 204-10, 213-15, 222, 223 (right), 223 (far right), 225-7, 232 (top left), 232 (top middle), 232 (top right), 233-4, 235 (top right cluster), 235 (bottom), 237, 238 (top), 238 (bottom) [who took this?], 243 (bottom), 244-5.

Line art
Barbara Araujo: 34, 40, 42, 58, 68, 74, 79, 87 (top), 107, 120, 133, 136, 139-41, 155, 175, 199, 200, 207, 210, 226.

Saeyoung Chang-Gagnon: 80, 81, 90, 92, 94, 96, 110, 153, 158, 231.

Selina Sanders: 87 (bottom).

致谢

过去几年里，得益于我的同事、朋友和家人的支持，我完成了本书，我要衷心地感谢：

索菲·怀斯（Sophie Wise）和夏洛特·塞尔比（Charlotte Selby），两位劳伦斯·金出版社（Laurence King Publishing）的杰出编辑，感谢他们向我提供睿智的建议，给我无限的包容。

海伦·古斯塔夫森（Helence Gustavsson），凭借着非凡的创造力和智慧，给我提供授权图片，感谢她的不厌其烦、尽善尽美。

瓦妮莎·格林（Vanessa Green），图书设计能力一流，使本书各部分联系紧密并具备艺术感，面对额外增加的30页内容，仍然将全书内容处理得十分连贯。

贾里德·戈尔德（Jared Gold），感谢他十分具有启发性的想法，给予我勇气去写作高级定制服装、工艺与研究重要性相关的内容。

乔里·韦茨（Jory Weitz），鼓励我将写作本书视为纪录片式的个人旅程，让我加入个人反思与经验的内容，感谢他让我能和才华横溢的设计师进行多场精彩的访谈。

克里斯特尔·科赫尔（Christelle Kocher），感谢她启发了我写在1/2小人台上进行立体裁剪以及应用三维装饰这两章的内容，感谢她允许我记录她的设计流程。

休伯特·巴雷尔（Hubert Barrere），感谢他的才华、专业和幽默，完成了"圣者降临"连衣裙的设计。这最后一件作品堪称本书的桂冠之作。

世英·张–加尼翁（Saeyoung Chang-Gagnon）和王建仁（Jianren Wang），感谢他们为"圣者降临"连衣裙进行数字印花工作。

塞尼斯蒂安·奥克斯拉（Sebastian Oxlaj），感谢他应用最高水平技巧制作高级定制服装，巧妙地将第八章的戏服制作成型。

唐娜·洛巴托（Donna Lobato），感谢她的耐心及其专业打版能力。

巴巴拉·阿劳约（Barbara Araujo），在最后关键时刻加入进来，为第八章"戏剧服装设计的立体裁剪"绘制平面草图和精美插画。

我的同事们、洛杉矶城市学院戏剧学院、埃迪·布莱索（Eddie Bledsoe）和克里斯托弗·布朗（Christopher Brown），他们为黑色电影风格连衣裙进行数字印花，为星系夹克提供技术支持。

我在读的学生，尤其是琳达·阿吉雷（Linda Aguirre），非常有天赋。

杰勒德·迪斯莱尔（Gerard Dislaire），给予我无限的支持，并且对复杂的时尚领域具有超越性的理解。

丽萨·麦卡斯基尔（Lisa McCaskill），感谢她早期制版组织能力，以及她对于当代经典风格和浪漫风格的独特定义。

娜奥米·克雷吉（Naomi Craig），杰出的化妆师和发型师，感谢她在视频中、模特上完成的出色工作。

彼得·温·希利（Peter Wing Healey），歌剧《传统的咒语》的创作者，感谢他启发了第八章美丽戏服的创作，感谢他一直以来的支持以及许多智慧箴言。

阿妮塔·里纳尔迪·哈恩登（Anita Rinaldi-Hamden），感谢她在必要时抑制我或者鼓舞我，凭借着对优秀设计的敏锐眼光，让我始终朝着正确方向前进。和她一起工作总令人愉悦，她和我合作制作了黑色电影风格连衣裙、小步舞者和博马舍戏服，在这几件作品中她发挥着不可或缺的作用。

凯尔·蒂特顿（Kyle Titterton），对立体裁剪学科抱有真正的兴趣，提高了视频的基调，在视频中融入对电影制作的热爱，使艰难的拍摄过程变成历经一个月充满欢笑和冒险的旅程。

杰勒德·沃尔什（Gerard Walsh），感谢他的专业和令人惊异的才华。

柯尔斯滕·泰勒（Kirsten Taylor），我的助手，她工作努力、才华横溢，是个技术奇才，感谢她的奉献精神、充沛精力以及对许多项目艺术性的敏锐感知。

我的女儿克莱尔（Claire）和埃伦·艾奥娜（Elen Iona），感谢她们的爱与支持，持续给我反馈年轻一代的喜好。感谢克莱尔为菲尔蒂连衣裙绘制精美插画，并担任星系夹克的模特，以及为灵感板做出的所有努力。

我的丈夫斯科特（Scott），为本书的结尾部分提供了中肯的评论，帮助我及时地完成了本书。